LES MACHINES
AGRICOLES

ROGER LEQUERTIER

INGÉNIEUR AGRONOME

LES MACHINES AGRICOLES

Façons préparatoires.
Distribution des Semences et des Engrais.
Entretien des Cultures. — Récolte.
Conditionnement des Produits.
Préparation des Aliments du Bétail.

Motoculture.

PREMIÈRE ÉDITION

PARIS

LIBRAIRIE GARNIER FRÈRES

6, rue des Saints-Pères, 6

1931

PRÉFACE

—

La crise de main-d'œuvre dont souffrait l'Agriculture française a été doublement aggravée du fait de la guerre :

tout d'abord — sans parler de la situation douloureuse des zones dévastées, et en mettant à part les travaux de réfection qu'exigent partout les bâtiments, les chemins, les fossés d'assainissement et d'irrigation, les clôtures, etc. — *la besogne à accomplir au cours de chaque campagne est plus considérable qu'autrefois :* la levée des hommes et la réquisition des chevaux ont en effet provoqué l'inculture d'aires importantes, dont la remise en état nécessitera pendant de longues années des façons nettoyantes multipliées;

en outre, et surtout, *la capacité de travail de la population rurale prise dans son ensemble et réduite de près d'un tiers :* onze cent mille paysans sont tombés au champ d'honneur ou sont morts de maladies contractées au front, plusieurs centaines de milliers se sont fixés dans les villes, enfin un demi-million parmi ceux des mobilisés qui revinrent à la glèbe sont physiquement diminués.

Pour ces deux raisons, plus que jamais — selon une formule déjà vieille mais qui, maintenant hélas, n'est pas une simple métaphore — « l'Agriculture manque de bras. »

Le problème posé par cette phrase lapidaire est, à coup sûr, le plus essentiel de notre production et de notre reconstitution nationales.

Les mesures législatives de toute nature, prises ou à prendre dans le dessein de le résoudre, ne sauraient avoir d'action que dans un avenir éloigné. L'heureuse influence que pourront exercer les ligues pour le « retour à la terre » sera fort lente également, et d'ailleurs bien faible sans doute. Aussi les principaux intéressés — les chefs d'exploitation — doivent-ils adopter des solutions plus immédiatement opérantes qui aient pour conséquences :

a) de retenir près d'eux leurs collaborateurs actuels ;

b) d'augmenter le rendement de chaque travailleur.

Pour empêcher la désertion de ses salariés et de ses enfants mêmes, pour CONSERVER LA MAIN-D'ŒUVRE le cultivateur doit :

1° *lui assurer un repos meilleur,*

2° *lui imposer une fatigue moindre.*

Le premier point sera réalisé en amendant le logement du personnel et en introduisant dans l'habitation un confort analogue à celui des demeures urbaines.

Le second semble en opposition avec l'autre but :

MIEUX UTILISER LA MAIN-D'ŒUVRE, autrement dit :

3° *en obtenir plus de besogne;*

la contradiction est, effectivement, absolue (et le problème de la main-d'œuvre insoluble) si — comme on le fait encore trop en France — on continue d'employer les ouvriers agricoles presque à la manière des bêtes de trait, nous voulons dire : surtout pour leur force musculaire;

elle cesse au contraire d'exister dès que, considérant l'homme comme un être intelligent — et non comme une source d'énergie mécanique —, on lui confie avant tout la surveillance et la conduite des animaux et des autres moteurs pour lui demander un minimum de travail physique;

Ce résultat sera poursuivi :

par une organisation plus judicieuse de la ferme elle-même (meilleure disposition des locaux; aménagement des services, en particulier de la force motrice),

par la généralisation de l'usage des machines, tant à l'intérieur que sur les terres.

C'est ce dernier remède (le plus rapidement applicable) que nous étudions dans les quelques pages de ce petit volume : nous passons en revue les diverses machines d'exploitation agricole, en insistant sur les qualités relatives des différents modèles au point de vue de l'économie de personnel et de la rapidité du travail.

R. LEQUERTIER,
Ingénieur I. N. A.

INTRODUCTION

Les travaux de la ferme sont de deux sortes :

Les uns sont *proprement agricoles*; ils résultent de la nature même de cette industrie particulière qu'est l'obtention des produits végétaux du sol (1).

Les autres au contraire sont — si l'on peut dire — *d'ordre banal* : on peut avoir (on a en fait au moins pour certains d'entre eux) à les exécuter dans toute usine sur tout chantier. Ce sont notamment les transports généraux et l'élévation de l'eau, en un mot, les manutentions, c'est-à-dire les déplacements sans transformation d'objets ou de matériaux.

Ces dernières besognes étant laissées de côté (2), les travaux sont encore extrèmement nombreux et variés sur une exploitation rurale.

D'une façon simple, sinon absolue, on peut les diviser en travaux d'extérieur de ferme et travaux d'intérieur de ferme.

---

(1) L'élevage donne lieu à des travaux très divers mais qui ne font pas intervenir de machines (au sens ordinaire du terme) aussi n'en parlerons-nous pas.

(2) Les principales d'entre elles ont été étudiées dans L'AMÉNAGEMENT DE LA FERME, chapitre I : *l'Eau*, et chapitre VII : *les Manutentions.*

Parmi les *travaux d'extérieur de ferme* on distingue d'une manière naturelle :

les travaux de préparation du sol;

les travaux de distribution des engrais;

les travaux d'ensemencement;

les travaux d'entretien des cultures;

les travaux de récolte.

Parmi les *travaux d'intérieur de ferme* les plus importants sont :

les travaux de conditionnement des produits :

les travaux de préparation des aliments du bétail.

A la vérité ces diverses catégories sont plus ou moins arbitraires. C'est ainsi que le battage, que nous étudierons parmi les travaux intérieurs, est parfois exécuté en plaine; c'est ainsi encore que le fanage des fourrages qui se fait sur la prairie même a pour effet de donner immédiatement un produit marchand. Du moins cette classification est-elle commode et correspond-elle à la majorité des cas; c'est pourquoi nous l'adoptons.

LES MACHINES AGRICOLES

LIVRE I

PRÉPARATION DU SOL

(CH. I, II, III et IV.)

Les travaux à effectuer sur une pièce à emblaver avant que la semence y soit déposée sont extrêmement variables.

Ils dépendent en effet : de la profondeur et de la nature du sol, de son état après l'enlèvement de la dernière récolte, de l'abondance plus ou moins grande des mauvaises herbes, de la culture que l'on veut entreprendre, enfin des circonstances atmosphériques.

Ces divers facteurs déterminent non seulement la *nature* et l'*intensité*, mais aussi le *nombre* et la *succession* des façons préparatoires.

Ainsi, nous devons évidemment examiner ici tous les instruments aratoires et pour cela suivre un certain ordre, mais il est bien entendu que cet ordre n'est pas nécessairement celui de leur passage sur une pièce à préparer pour l'ensemencement.

Typiquement, si l'on peut dire, la série des façons préparatoires comprend :

    un labour,
    un scarifiage,
    un hersage,
    un roulage.

Les trois premières opérations (*labour, scarifiage, hersage*) ont pour objet de DIVISER la terre d'une manière de plus en plus parfaite, mais aussi sur une profondeur de moins en moins grande.

Les effets généraux de cet ameublissement de la couche arable sont :

1º de l'aérer, ce qui favorise l'oxydation des engrais organiques et ammoniacaux, — oxydation nécessaire pour qu'ils soient utilisables par les plantes;

2º d'augmenter sa capacité pour l'eau, ce qui crée un véritable réservoir à portée immédiate des racines;

3º de faciliter le développement de celles-ci, qui se fait naturellement beaucoup mieux dans un sol bien divisé que dans un sol compact ou fait de gros blocs.

L'émiettement particulièrement soigné de la surface a pour but :

1º de permettre, au moment des semailles, l'enterrage des graines à une profondeur régulière;

2º de placer les semences dans un milieu spécialement propice à leur germination et au développement des délicates radicelles qui en résultent;

La dernière opération (*roulage*) a pour objet de parfaire le travail des précédentes et en outre de niveler et de TASSER la partie superficielle du sol.

Cet affermissement de la surface rétablit la continuité du sol parfois un peu trop soulevé par les façons divisantes.

CHAPITRE PREMIER

LES LABOURS

Le labour consiste à découper dans la couche arable des mottes ou des bandes de terre puis à les retourner de telle sorte que la partie profonde vienne à la surface et réciproquement.

Il résulte de cette action une première division, un premier ameublissement du sol.

Mais le labour poursuit en général un but multiple. Il sert en outre :

à enfouir les mauvaises herbes;

à enterrer certains engrais (le fumier est toujours appliqué de cette manière);

éventuellement à recouvrir des semences.

DIVERSES SORTES DE LABOUR

Suivant leur mode d'exécution, leur profondeur, leur obliquité, leur forme, etc..., on peut distinguer de nombreuses sortes de labour.

Labours à la bêche, à la houe, etc.
Labours à la charrue.

Lorsque le sol est attaqué par mottes successives, le travail est exécuté à bras d'homme et à l'aide d'outils variés que l'on peut rattacher à deux types : la bêche et la houe.

Lorsqu'il est renversé par bandes continues, on emploie une machine appelée charrue que l'on fait tirer, soit par un attelage (animaux ou tracteurs), soit par un câble s'enroulant sur un treuil (à manège ou à moteur).

Labours à bras.

Les outils utilisés pour l'exécution des labours à bras diffèrent beaucoup par leur *forme*. Celle-ci dépend, en effet, non seulement du sol à travailler et de la nature des mauvaises herbes à détruire, mais encore (et l'on pourrait parfois dire : surtout) d'habitudes locales plus ou moins raisonnées et judicieuses.

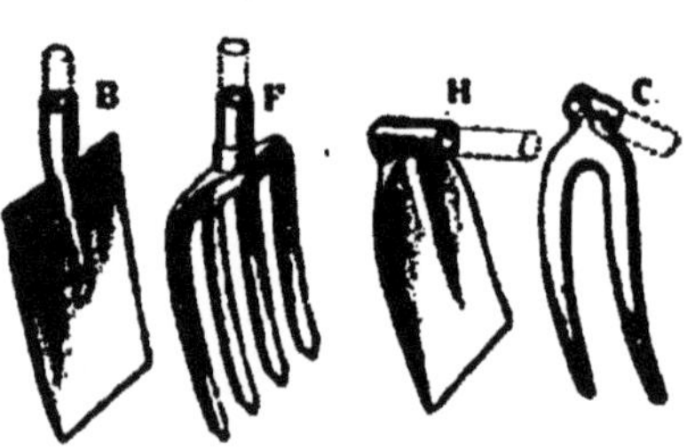

FIG. 1. — OUTILS DE LABOUR
B, bêche; F, fourche à dents plates.. H, houe; C, crochet ou croc.

Comme pour tous les instruments manuels, leurs *dimensions* doivent être en rapport avec la taille, la force et la vivacité de l'individu appelé à s'en servir; la grosseur du manche, en particulier, doit être telle qu'il soit « bien en main ». Si ces conditions ne sont pas remplies, l'ouvrier fatigue plus et « rend » moins.

La qualité du travail est, pour beaucoup, fonction de l'habileté et du soin de celui qui l'effectue Elle ne correspond pas, le plus souvent, à un simple labour mais à un ameublissement plus avancé.

D'une manière générale, le labour obtenu avec la bêche ou la *fourche à dents plates* qui en est dérivée est meilleur que celui que donnent la houe et ses analogues (*crochet*, etc...). La terre est mieux retournée; de plus l'ouvrier progresse (si l'on peut diré) à reculons et reste toujours sur le « guéret » au lieu de suivre son travail en piétinant le sol labouré.

Nous n'insisterons pas plus longuement sur les labours à bras.

Ils sont très lents et très onéreux. Seules, les diverses branches de l'horticulture peuvent s'en accommoder, vu la valeur élevée des récoltes qu'elles visent; ils sont d'ailleurs fréquemment une nécessité pour elles, au moins dans les exploitations de petite étendue, les plus nombreuses : l'exiguïté des parcelles rendrait peu commode l'usage d'une charrue.

Labours à la charrue.

Les types de machines employés pour les labours à la charrue sont en nombre considérable. Nous étudions plus loin les principaux d'entre eux.

Disons seulement, dès à présent qu'au lieu d'agir — comme la bêche par exemple — d'une manière intermittente, la charrue fait à une plus grande échelle, un travail analogue à celui du rabot de menuisier, et détache d'un mouvement continu de véritables copeaux de sol (fig. 2).

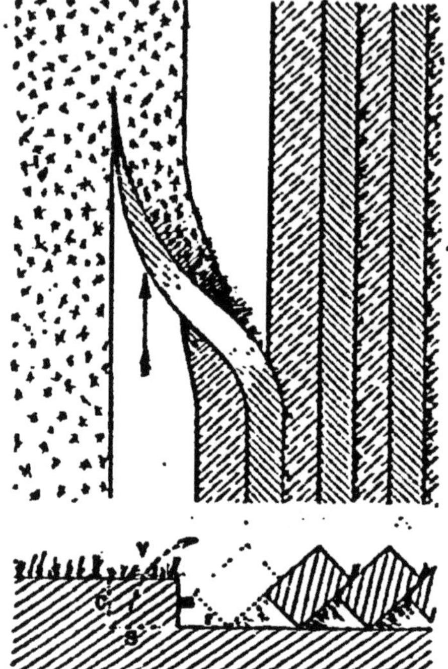

FIG. 2.
TRAVAIL DE LA CHARRUE
(plan et coupe schématiques).

La coupe verticale (dessin du bas) est faite normalement à la direction des sillons. Elle montre comment la bande de terre est détachée du guéret, (action du coutre C et du soc S) puis renversée jusqu'à se coucher sur la précédente (dans la position indiquée en pointillé). — m est la *muraille*, r le fond de raie ou *jauge*.

La vue en plan (dessin du haut) montre comment la bande de terre est retournée (action du versoir). — A gauche est le *guéret*, à droite le *labour*.

Labours superficiels, moyens, profonds.

Suivant l'épaisseur de terre travaillée on distingue :

les *labours superficiels* qui atteignent 8 à 10 cm.;
les *labours moyens*   —   14 à 18 cm.;
les *labours profonds*   —   22 à 30 cm.

Ces chiffres n'ont d'ailleurs pas une valeur absolue : un labour de 20 centimètres peut être considéré comme très profond, relativement, dans une région de culture peu avancée ou dans une région dont le sous-sol de mauvaise qualité est très proche de la surface.

Les *labours de défoncement* sont des labours exceptionnels atteignant des profondeurs supérieures à 35 ou 40 centimètres. Ils sont utilisés dans les défrichements ou dans la préparation de certaines cultures arbustives (la vigne par exemple). Nous n'en parlerons pas, nous cantonnant comme nous l'avons dit, dans le domaine des travaux courants, c'est-à-dire annuels ou tout au moins périodiques.

Profondeur des divers labours.

La profondeur des labours dépend :

1º *à un point de vue général* : de l'épaisseur de la couche végétale, de la nature du sous-sol et des quantités d'engrais (notamment de fumier de ferme), dont on peut disposer;

2º *dans l'assolement* : de la plante dont on prépare l'ensemencement;

3º *pour chaque culture* : du but particulier poursuivi par la façon considérée.

I. — Lorsque les conditions s'y prêtent, l'approfondissement des labours est une amélioration foncière dont l'influence retentit sur les rendements d'une façon extrêmement favorable. Mais il peut avoir des résultats si néfastes (en mélangeant par exemple une glaise sous jacente à la bonne terre de surface) qu'il convient de ne s'y livrer — après une étude sérieuse du sol — que prudemment et progressivement.

C'est une opération de longue haleine qui, d'autre part, entraîne toujours une augmentation corrélative des allocations d'engrais, en particulier de fumier.

II. — La couche arable — c'est-à-dire celle qui est ameublie par les labours les plus puissants, visés ci-dessus — n'est retournée dans toute son étendue que pour certaines cultures.

Si, en effet, certaines plantes comme la betterave, la pomme de terre, la luzerne, exigent une terre remuée sur une grande épaisseur, d'autres au contraire, les céréales notamment, dont les racines sont surtout développées en surface, se contentent d'un ameublissement moins profond; le blé, même, demande une terre assez « rassise », c'est-à-dire travaillée sur 12 ou 15 centimètres au maximum.

La profondeur du labour doit donc être adaptée à la nature de la plante préparée.

III. — Enfin certaines soles sont préparées par plusieurs labours dont les dimensions dépendent de leur objet particulier.

Par exemple le gros labour de la betterave (25 ou 30 centimètres) est précédé d'un labour d'enfouissement de fumier (15 ou 18 centimètres), qui suit lui-même un labour de déchaumage (8-10 centimètres) exécuté le plus tôt possible après la coupe de la céréale.

Exécution des labours plus ou moins profonds.

Dans les travaux à bras, les labours légers et moyens sont obtenus en enfonçant plus ou moins l'outil dans le sol. Les labours profonds se font en deux temps, l'ouvrier ne prenant au premier fer qu'une partie (un peu supérieure à la moitié) de l'épaisseur à travailler.

Dans les labours à la charrue il est important de bien noter qu'une même machine ne fonctionne dans des conditions normales que pour des profondeurs assez peu différentes. De là l'obligation où l'on se trouve d'employer des charrues diverses par leur *taille* et même, pour les travaux extrêmes (superficiels ou très profonds), par leur *type*.

Labour à plat. — Labour en planches.
Labours en billons.

Suivant l'aspect que présente la pièce labourée, et qui résulte de la manière dont la terre est versée, on distingue trois catégories de labours :

les labours à plat,
les labours en planches,
les labours en billons.

Le *labour à plat* laisse au champ une surface unie dans son ensemble, les bandes de terre successives étant versées toujours dans le même sens les unes sur les autres.

Il est utilisable dans toutes les terres saines : pays à sous-sol perméable et champs en pente. Dans ce dernier cas, il a l'avantage de permettre de « remonter » la terre entraînée par les eaux de ruissellement.

Le *labour en planches* divise le sol en compartiments de 5 à 40 mètres de largeur séparés par des « dérayures ».

Celles-ci — sortes de rigoles qui résultent de ce que la terre a été versée, à deux passages de la charrue, de part et d'autre d'une même ligne — permettent l'écoulement des eaux en excès. Aussi cette forme de labour est-elle usitée là où le sous-sol peu perméable, ne permet pas un « ressuiement » rapide de la surface, après les pluies.

Le *labour en billons* a également pour résultat dé

créer des fossés d'égouttement, ici plus profonds et plus rapprochés (0 m. 80 à 1 mètres).

Toutefois son but principal est de rassembler la terre végétale sur une partie de l'aire du champ. De là son emploi dans les régions humides et imperméables, à sol peu épais, où l'on veut faire de la culture arable malgré ces conditions défavorables.

Le labour à plat est le plus perfectionné. Seul il permet l'exécution à la machine, et dans tous les sens, des autres façons préparatoires et des travaux d'ensemencement, d'entretien et de récolte.

Le labour en planches, au contraire, gêne la marche des machines attelées; en outre il laisse inutilisée une partie de la surface cultivée: D'autre part pendant le labourage, un temps appréciable est perdu dans les « tournées », et le passage répété des attelages sur les « fourrières » comprime le sol de ces zones — action très défavorable, particulièrement aux terres compactes qui sont justement celles que l'on traite en planches.

Le labour en billons rend impossible l'emploi des machines actuellement courantes en bonne culture (semoirs, houes à cheval, appareils de récolte); même les façons les plus simples, telles que les hersages, les roulages, ne peuvent s'effectuer que dans une direction; encore exigent-elles, au moins pour les billons étroits, un matériel spécial. Ce labour est d'ailleurs assez difficile à exécuter.

Les planches peuvent être faites avec tous les types de charrue (araires, à support, à avant-train).

Les billons ne sont commodément obtenus qu'à l'aide d'une charrue à avant-train; les petits billons sont même exécutés fréquemment grâce à l'emploi de deux telles machines : l'une versant d'un seul côté, l'autre versant simultanément à droite et à gauche comme un butteur.

Les labours à plat exigent — au moins dans les seuls procédés de travail courants en France — des charrues versant alternativement de l'un et de l'autre côté.

Labours plats, inclinés, droits.

Pour une même profondeur, la largeur prise par la charrue peut être plus ou moins grande. Il en résulte qu'après retournement, les bandes de terre successives sont plus ou moins couchées les unes sur les autres, d'où les expressions qui s'expliquent d'elles-mêmes : labours plats, ordinaires ou droits.

Généralement les charrues réalisent une inclinaison moyenne, d'environ 40 ou 45°, considérée comme la plus favorable (fig. 2). Les dimensions transversale et verticale du labour sont alors l'une à l'autre comme 1,5 est à 1.

L'objet particulier de la façon, l'époque et les facilités d'exécution peuvent conduire à modifier ce rapport.

Le plus souvent, les labours superficiels, de déchaumage par exemple, sont plats ; au contraire, la plupart du temps, les labours profonds, et plus encore les labours de défoncement, sont droits. La raison en est aisée à comprendre.

Labours d'hiver. — Labours de printemps.

Leur mode d'exécution est le même, mais l'ameublissement qu'ils procurent est, au moins dans les régions du Nord, très différent.

A l'action propre de la façon vient en effet s'ajouter — pour les labours d'hiver — celle de l'alternance des gels et des dégels, qui a pour résultat de briser les mottes laissées par le labour et par suite d'économiser des façons supplémentaires.

C'est sur ce seul point que nous voulions fixer l'attention, car nous ne pouvons étudier ici le choix de l'époque des labours; disons seulement à ce propos que cette date est sous la dépendance des conditions météorologiques régnantes, surtout pour les terres fortes qui sont plus difficiles à « prendre » que les autres.

CONSTITUTION GÉNÉRALE DES CHARRUES

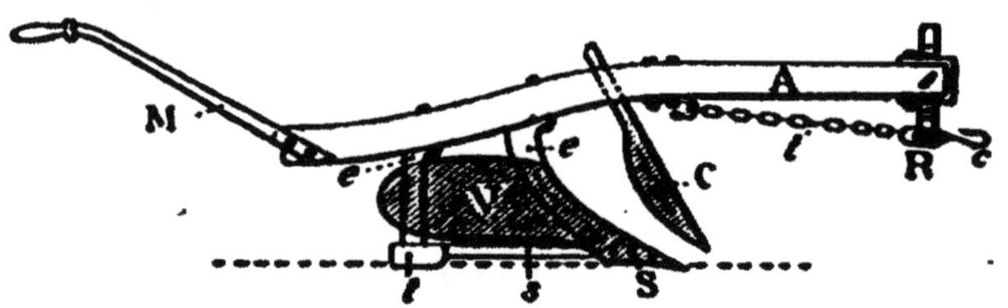

FIG. 3. — CONSTITUTION GÉNÉRALE D'UNE CHARRUE (*schéma*).

En grisé, les *pièces travaillantes* : C, le coutre; S, le soc; V, le versoir. — R, le régulateur. — M, les mancherons. — A, l'âge.

La figure montre aussi les étançons *e*, le sep *s* et son talon *t*, le crochet d'attelage *c* et la chaîne de traction *t*.

La ligne pointillée est le fond de la raie, sur lequel glisse la charrue.

Typiquement une charrue se compose (fig. 3) :

de *pièces travaillantes*, qui sont les outils actifs;

d'un *régulateur*, qui transmet au point convenable la traction de l'attelage;

de *mancherons*, qui servent à conduire la machine;

enfin d'un *âge*, qui réunit les organes précédents.

En réalité, cette description d'ensemble ne vaut que pour une araire; nombreuses sont les charrues qui n'y répondent pas : elle est surabondante pour certaines, déficitaire pour d'autres.

Nous la prendrons cependant pour base de notre exposé parce qu'elle est commode. Ensuite, ayant ajouté quelques mots sur l'araire, nous caractériserons les autres sortes de charrues en nous référant à ce type, par différence si l'on veut.

LES PIÈCES TRAVAILLANTES

Une pièce unique permettrait d'effectuer le travail de labour. Mais elle s'userait très rapidement dans les zones attaquant le sol les premières : bientôt il faudrait la remplacer tout entière sous peine d'avoir une charrue très dure à tirer (1).

Aussi a-t-on depuis longtemps rendu distinctes de celle qui renverse la terre, les parties qui découpent le sol; en sorte qu'il faut généralement distinguer trois organes travaillants (fig. 3) :

le *coutre*, qui tranche le guéret verticalement;

le *soc*, qui coupe le sol en profondeur;

le *versoir*, qui retourne la bande ainsi isolée.

____

(1) Ceci s'entend d'une pièce travaillante fixe. Il en va différemment pour les charrues à disque très utilisées dans les E.-U. de l'Amérique du Nord — où les sols légers sont fréquents — mais qui ne semblent pouvoir être employées chez nous que dans des cantons très peu étendus.

Ces trois pièces agissent dans l'ordre suivant lequel nous les avons cités (1).

Le Coutre.

Le coutre est entièrement séparé du versoir. C'est une lame qui coupe le guéret parallèlement à la muraille de la raie précédente (C, fig. 2 en bas).

Sous son aspect habituel (*coutre rectiligne*), c'est une espèce de couteau robuste fixé sur l'âge d'une manière rigide, au moyen d'une « coutrière ».

Autrefois, celle-ci était un organe plus ou moins compliqué permettant de régler le coutre dans tous les sens imaginables. De nos jours, l'inutilité de ces changements de position étant reconnue, la place du coutre est, en général, déterminée par le constructeur : elle est telle que son extrémité soit légèrement en avant et un peu au-dessus de la pointe du soc; quand l'usure gagne la pièce, on la descend en faisant coulisser son manche dans la coutrière. L'étrier américain, qui permet d'incliner le coutre d'avant en arrière d'une plus ou moins grande quantité, est encore parfois employé.

Fio. 4.
COUTRES ORDINAIRES.
I, forme ancienne;
II, forme actuelle.

La partie inférieure du coutre est naturellement celle qui s'use le plus vite. Il faut, en conséquence,

---

(1) Les charrues représentées par les figures 14 et 15 comportent une pièce travaillante supplémentaire appelée *rasette*. Celle-ci précède le coutre et assure un meilleur enfouissement des mauvaises herbes,

qu'elle ait une forme élargie et non pointue comme jadis.

Le coutre circulaire, peu répandu en France demande une traction moindre que le coutre rectiligne, à condition toutefois d'être monté à chape pivotante.

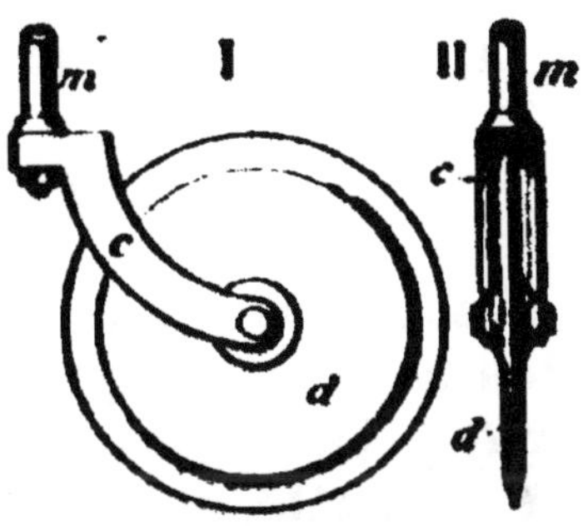

Il est particulièrement recommandable dans les sols enherbés, pour l'enfouissement des engrais verts, etc., bref, dans tous les cas où le « bourrage » est à prévoir.

Fig. 5. — Coutre circulaire.
Voir aussi fig. 13 et 32.
I, vue de côté; II, vu de derrière.
m, manche; c, chape pivotante; d, disque (partie active.)

Le Soc.

Au point de vue montage, le soc est distinct du versoir, mais celui-ci lui est attenant et le continue sans intervalle ni ressaut. C'est une pièce en forme de triangle ou de trapèze dont le plus grand côté attaque le sol horizontalement en profondeur (S, fig. 2 en bas).

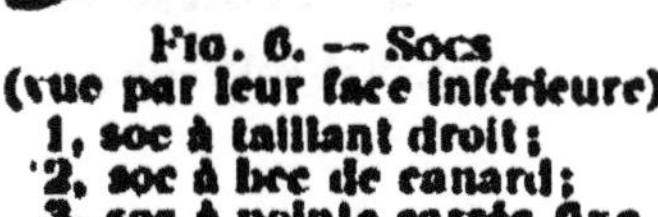

Fig. 6. — Socs
(vue par leur face inférieure).
1, soc à taillant droit;
2, soc à bec de canard;
3, soc à pointe carrée fixe.

Ce tranchant est oblique par rapport à la direction de marche de la charrue. La pointe avant, qui travaille le plus, est renforcée pour durer plus longtemps.

A son voisinage une surépaisseur de métal permet de

rebattre la pièce pour lui redonner sa forme première qu'elle perd par l'usure. Le soc n'est pas réglable; sa position est déterminée par construction.

Le Versoir.

C'est la pièce contournée qui, faisant suite au soc, retourne la bande que celui-ci a commencé de soulever (fig. 2). Il est, dans les charrues qui ne versent que d'un côté, généralement orienté vers la droite.

Sa forme, sa courbure et sa longueur devraient être adaptées à la nature des terres; en fait, chez nous du moins, le constructeur ne dispose pas de versoirs très variés... et le cultivateur achète ce qu'on lui offre.

Les *versoirs en bois* ne sont plus guère utilisés que dans certaines régions très humides à sol argileux; les hauts prix des métaux peuvent leur conférer, pendant quelques années, un certain intérêt.

Ils sont, en effet, très peu coûteux et ont de plus l'avantage de n'opposer qu'une faible résistance au glissement des terres collantes.

Par contre leur durée est assez réduite et leur tracé délicat (si on le veut convenable).

FIG. 7. — VERSOIR A CLAIRE-VOIE pour terres collantes.
S, le soc.

Les *versoirs métalliques* sont maintenant la règle.

L'obtention d'un beau poli à l'usage est une condition favorable à la réduction de la traction. Aussi emploie-t-on des métaux durs : la fonte au manganèse et l'acier trempé sont les plus employés.

La force nécessaire pour tirer la charrue dans les sols compacts peut encore être diminuée par l'emploi des versoirs à claire-voie (fig. 7) qui offrent une surface moindre au frottement de la bande qu'ils retournent.

L'ÂGE

L'âge est le bâti qui réunit les divers organes de la charrue : pièces travaillantes, régulateur et mancherons.

Les *âges en bois* sont encore employés, surtout par les constructeurs locaux et notamment pour les araires et les charrues à avant-train. Ils sont rectilignes et de section rectangulaire; la partie antérieure qui fatigue moins est souvent amincie et parfois arrondie.

Les *âges métalliques* sont en fonte ou plutôt, actuellement en acier moulé, forgé ou laminé.

En section, ils présentent la forme, soit d'un rectangle plus haut que large, soit mieux d'un I (le poids est alors moindre, à résistance égale). Leur dimension verticale est quelquefois plus développée dans la région qui reçoit la traction et subit les efforts — c'est-à-dire au niveau de la coutrière et du point d'attache des étançons — qu'à l'extrémité avant qui porte le régulateur.

L'emploi de l'acier permet de donner aux âges des formes irréalisables avec le bois, par exemple la forme dite « en col de cygne » (fig. 11, 12 et 13.)

Les ÉTANÇONS qui servent d'assise au soc et au versoir et les relient à l'âge sont extrêmement variables suivant les charrues que l'on considère.

Typiquement (fig. 3) ils sont au nombre de deux, et réunis par leur extrémité inférieure au moyen d'une pièce appelée *sep*, qui glisse dans le fond de la raie par un *talon*. Mais souvent étançons et sep ne forment qu'une seule pièce; parfois même, dans les charrues à col de cygne, c'est l'extrémité recourbée de l'âge qui porte le soc et le versoir (fig. 13).

Le Régulateur

Cette pièce n'existe pas dans toutes les charrues.

Dans celles qui en ont un, le régulateur a pour objet de permettre au laboureur *d'adapter la position du crochet d'attelage aux dimensions du labour qu'exécute la charrue.*

On conçoit, en effet, qu'une charrue donnée — qui prend une largeur et une profondeur déterminées — ne saurait être tirée par un quelconque de ses points. C'est au régulateur qu'incombe le soin d'appliquer la traction à l'endroit convenable pour que la charrue fasse *son* travail et non un autre.

On dit quelquefois que le régulateur sert à faire varier les dimensions de la bande retournée.

Il ne peut en être ainsi que dans les charrues imparfaites dont la position de travail n'est pas définie *matériellement* par des pièces maintenant l'âge, c'est-à-dire dans les araires et dans les charrues à support vertical.

Mais, nous le répétons, une charrue quelle qu'elle

soit ne fonctionne dans des conditions absolument normales que pour une certaine largeur et une certaine profondeur. Il est possible d'en obtenir des travaux assez différents — par l'action sur le support, ou sur l'avant-train, ou (pour les machines nommées ci-dessus) sur le régulateur — mais c'est au détriment de la bonne marche de la machine. En fait, vouloir obtenir d'un seul appareil des labours *très* variés est une erreur.

Le régulateur a une action double : il déplace le point d'attache des traits dans le sens horizontal et dans le sens vertical.

Les régulateurs sont extrêmement nombreux. Nous dirons seulement qu'ils agissent — aussi bien en largeur qu'en hauteur — soit d'une manière continue, soit d'une manière

Fig. 8.
RÉGULATEUR.
A, extrémité antérieure de l'âge ; *c* crochet d'attelage, celui-ci est déplacé *transversalement* grâce aux crans de *l,* et *verticalement* en faisant coulisser *v* dans sa mortaise.

discontinue ; le second système (régulateurs à crans ou à trous) doit être préféré au premier (régulateurs à vis) : il est plus rustique et rend les mêmes services.

LES MANCHERONS

Ces pièces n'existent pas dans toutes les charrues ; certaines n'en ont qu'un.

Dans celles qui en possèdent, (le ou) les mancherons servent : 1º à manœuvrer la charrue à bout de raie, 2º à la maintenir dans sa position de travail quand elle n'a pas une stabilité parfaite.

Ils permettent : de soulever l'arrière de la machine

ou, au contraire, de la faire pivoter autour de son talon en élevant sa partie antérieure; d'incliner le plan des étançons vers le guéret ou vers le labour; d'obliquer la tête de l'âge à droite ou à gauche.

Les mancherons sont en bois, ou en métal avec poignée de bois.

Lorsqu'ils sont au nombre de deux, ils sont légèrement déportés vers la droite de telle sorte que l'intervalle entre-poignées soit en arrière du versoir. Quand il n'y en a qu'un, il est généralement dans le plan des étançons.

PRINCIPAUX TYPES DE CHARRUES

Nous étudierons successivement :
les charrues qui n'ouvrent qu'une raie à la fois;
les charrues qui tracent plusieurs sillons par passage;
les charrues spéciales qui permettent le travail des vignes, le buttage, etc.

CHARRUES OUVRANT UNE SEULE RAIE A LA FOIS

Les unes versent la terre toujours du même côté, généralement à droite : ce sont les charrues pour labours en planches;

les autres versent alternativement à droite et à gauche : ce sont les charrues pour labours à plat.

Charrues pour labours en planches.

En se plaçant à un point de vue pratique on peut distinguer :
les charrues complètement instables;

les charrues partiellement stables;
les charrues parfaitement stables.

Charrues complètement instables.

Une charrue constituée comme celle que nous avons pris pour type est une **araire** ou, comme l'on dit souvent, une « **charrue tremblante** » : son âge oscille librement au-dessus du sol pendant le labour; elle n'a aucune stabilité et ne resterait que quelques instants en travail si l'on n'intervenait constamment pour l'y maintenir.

L'action incessante du conducteur sur les *deux mancherons* est donc ici primordiale : c'est elle seule qui permet d'obtenir une raie régulière en largeur et en profondeur.

Ces deux dimensions de la bande résultent de la construction de la machine, et le *régulateur* sert à leur adapter la traction de l'attelage employé. Il permet, en outre, ici, de les modifier quelque peu : si on abaisse le crochet d'attelage, la profondeur décroît, et inversement; si on le place plus à droite, la largeur croît, et inversement.

Les araires — bien que légères et simples, et en conséquence peu coûteuses — sont à rejeter de l'exploitation :

1º parce qu'elles exigent un spécialiste, un vrai « laboureur » que l'on ne trouve plus que difficilement.

2º parce que d'autre part, elles sont très fatigantes à conduire et donnent, par suite, moins de travail par jour que les autres charrues.

Elles ne sont à leur place que dans les défrichements ou pour les labours en terre encombrée de pierres : l'action sur les mancherons permet, en effet, d'éviter facilement les obstacles.

Charrues partiellement stables.

Ce sont :

     d'une part, les charrues à avant-train;
     d'autre part, les charrues à support vertical.

Charrues à avant-train.

Dans ces machines, les déviations dues à l'attelage sont en quelque sorte amorties par l'interposition d'un train de roues *mobile* entre le corps de charrue et les animaux qui le tirent.

Les charrues à avant-train, de construction locale, les charrues de pays, sont en général peu stables et de fabrication grossière; mais certaines sont fort ingénieuses.

Telle est la charrue billonneuse. Par la forme incurvée de la « sellette » à chevilles, sur laquelle repose

Fig. 9. — CHARRUE A AVANT-TRAIN.
(Plaine de Caen)

La profondeur est modifiée en rapprochant ou en éloignant le corps de charrue de l'avant-train. A cet effet on déplace sur l'âge le point d'attache de la chaîne de traction.

l'âge, cette machine rend facile et rapide le réglage simultané de deux dimensions du labour. C'est là une condition indispensable pour l'exécution commode des billons.

En dehors de ce type bien adapté à une forme particulière de labour, l'emploi des charrues de pays n'est justifié que dans les régions où l'on élève le cheval : l'avant-train est alors très pesant et sert, si l'on peut dire, de frein à la vivacité des jeunes bêtes en cours de dressage (fig. 9).

Les charrues à avant-train entièrement métalliques, de construction industrielle, sont plus stables parce qu'elles se rapprochent plus ou moins des charrues à support.

Elles n'en ont cependant jamais la régularité de marche et, comme elles n'ont aucun avantage sur elles, mieux vaut adopter une vraie charrue à support qu'une de ces machines hybrides.

Fig. 10.
AVANT-TRAIN MÉTALLIQUE.

Charrues à support vertical.

Les charrues à avant-train sont stabilisées dans les deux sens, mais incomplètement.

Les charrues à support vertical sont au contraire parfaitement stabilisés, mais seulement dans le sens vertical : la tête de l'âge est, en effet, maintenue à une hauteur fixe par des pièces qui en sont *solidaires,* mais elle peut encore osciller dans le sens transversal.

Le support est constitué :

soit par un *patin* ou un *galet* qui glisse ou roule sur le guéret, et dont la tige, coulissant dans une mortaise de la tête d'âge, permet le réglage de la profondeur; la charrue butteuse représentée par la figure 18 (page 36) est pourvue d'un support de ce genre;

soit par *deux roues* qui se déplacent l'une sur la terre labourée, l'autre dans le fond de la raie précédemment ouverte; ces deux roues sont réglables indépendamment l'une de l'autre pour la détermination de l'épaisseur de la bande (fig. 11).

FIG. 11. — CHARRUE A SUPPORT VERTICAL.
La petite roue passe sur le guéret; l'autre roule dans la jauge.

Le *régulateur* permet de modifier légèrement la largeur prise par la charrue, mais il est sans action sur la profondeur qui est définie par le support.

La hauteur d'attache des traits n'est toutefois pas indifférente, elle doit être adaptée à la puissance du labour, c'est-à-dire telle que le support ne soit ni soulevé de terre (ce qui le rendrait inutile), ni appliqué trop fortement sur le sol (ce qui augmenterait inutilement la traction).

Les *mancherons,* d'autre part, n'ont plus de rôle à

jouer dans la stabilité verticale. Aussi peut-on se contenter d'en garder un; on les conserve pourtant en général tous deux, pour la commodité des manœuvres sur les fourrières et surtout, il faut le dire, par habitude.

On peut rapprocher des charrues à support vertical les **ariaus** encore très répandus dans le Centre et le Midi.

Ce sont des charrues dont l'âge oblique et de grande longueur se fixe directement au joug des bœufs : ceux-ci le soutiennent à une hauteur à peu près constante au-dessus du sol, ce qui donne à la charrue une bonne stabilité verticale.

Les ariaus n'ont évidemment pas de régulateur et ne possèdent généralement qu'un mancheron.

La profondeur se règle le plus souvent en attelant les bêtes plus ou moins court.

Charrues parfaitement stables.

Ce sont, comme les machines du type figure 11, des charrues à support à deux roues (l'une se déplaçant sur le guéret, l'autre dans la jauge), mais la roue de raie est ici oblique au lieu d'être verticale.

Cette seule modification permet de supprimer les déviations latérales dues à l'attelage : il suffit, en effet, de faire « bordayer » la roue de raie, c'est-à-dire de l'obliger à rouler au pied de la muraille, pour qu'elle dirige parfaitement la charrue. Les déviations verticales étant d'autre part annulées, comme dans les charrues à support ordinaires, la stabilité est complète.

Les deux principaux genres de charrues parfaitement stables sont :

> les charrues brabants;
> les charrues tricycles.

Charrues brabants.

Leurs deux roues sont égales et montées sur le même essieu; comme elles se déplacent à des niveaux diffé-

FIG. 12. — CHARRUE BRABANT SIMPLE.
La photographie montre nettement l'inclinaison latérale du support.
(Elle montre aussi que la charrue est mal réglée, puisque l'amputé d'avant-bras qui la conduit est obligé d'agir sur les mancherons.
L'avantage des brabants est précisément de diminuer la fatigue du travailleur — et par suite d'augmenter son rendement — tout en lui permettant d'exécuter un meilleur labour.)

rents (jauge et guéret) il en résulte une obliquité latérale de tout le support, et en particulier de la roue de raie — ce qui permet d'utiliser celle-ci comme guide.

La partie antérieure de l'*âge* peut tourner dans un coussinet du support : le plan des étançons doit, en effet, toujours être rendu vertical pendant le travail, quelle que soit l'inclinaison de l'essieu. Cette position relative de l'avant et de l'arrière de la charrue est fixée par un encliquetage qui solidarise l'âge et le support pendant le travail, faisant de la machine un tout rigide.

Le *régulateur* ne joue aucun rôle dans la fixation des dimensions du labour. Il sert à donner le « bordayage » et le « talonnage » nécessaire à la bonne marche de la charrue, c'est-à-dire comme toujours à adapter la traction au travail exécuté.

Quant aux *mancherons*, ils ne servent à rien, au moins pendant le labour : le brabant bien réglé trace sa raie sans qu'il y ait lieu d'y porter la main.

Les charrues brabants sont celles des charrues sans siège qui fatiguent le moins l'ouvrier, et par suite celles qui permettent d'en obtenir le maximum d'aire labourée par jour. Ce sont, d'autre part, celles qui délivrent le meilleur travail.

En raison de l'intérêt qui s'y attache, nous allons donner quelques indications sur leur réglage (1). Ces indications s'appliquent d'ailleurs aux brabants doubles, qui sont les charrues le plus fréquemment employées en France pour l'exécution du labour perfectionné, du labour à plat.

____

(1) Pour les suivre on pourra se reporter à la figure 16, page 33, représentant un brabant double. Le support de cette dernière machine est en effet le même que celui d'un brabant simple; il n'en diffère que par le clichet de droite c qui n'existe naturellement pas dans le brabant simple.

Emploi du brabant simple.

Les points à régler sont :
> les dimensions du labour;
> la traction;
> l'aplomb.

Profondeur. — La profondeur est sous la dépendance de la « vis de terrage » (*v*, fig. 16). Pour la faire varier on tourne celle-ci dans le sens et de la quantité convenables à l'aide de la manivelle qui la surmonte.

Largeur. — La largeur se modifie par l'écartement plus ou moins grand des roues. Pour changer cet écartement, on fait passer d'un côté à l'autre des moyeux les « flottes » ou rondelles qui fixent la position des roues sur l'essieu.

Talonnage. — Son objet est de faire que le support soit seulement un guide, sans appuyer fortement sur le sol mais pourtant aussi sans en être soulevé par l'attelage. Il se règle en faisant coulisser le montant de l'étrier (*m*, fig. 16) dans la mortaise verticale de la tête du support.

Bordayage. — Son but est d'obtenir que la largeur de bande soit bien celle qui est définie par l'écartement des roues, c'est-à-dire que la roue de raie suive bien le pied de la muraille sans cependant demander à monter sur le guéret. On le détermine en plaçant dans le trou convenable de l'étrier (*e*, fig. 16), la cheville qui fixe la position du crochet d'attelage dans le sens transversal.

Aplomb. — En principe le plan des étançons doit toujours être vertical. A cet effet le « clichet » (ou

cliquet) qui reçoit le verrou d'encliquetage est mobile
sur le bord de l'écamoussure, on l'y fixe à l'endroit
convenable en serrant le boulon *ad hoc* (ce clichet est
indiqué sur la figure 16 par la petite flèche placée
au-dessus de la roue gauche).

Charrues tricycles.

Les deux roues du support sont indépendantes
l'une de l'autre, ce qui permet de rendre verticale la roue de guéret ; elles se règlent au moyen de leviers. De plus, l'arrière de la charrue — au lieu de glisser dans le fond de la jauge sur un talon ordinaire — est porté par une roue, ce qui réduit très sensiblement la traction.

Fig. 13. — CHARRUE TRICYCLE *à siège*.

S, siège du conducteur avec, à sa portée, les divers leviers de réglage ; *g*, roue de guéret (verticale) ; *r*, roue de raie (oblique) ; *t*, roue arrière (oblique) formant talon roulant.

La roue de raie et le talon bordayent respectivement dans le sillon précédent et derrière le versoir. La stabilité est ainsi parfaitement assurée.

Noter le coutre-circulaire et l'âge métallique « en col de cygne ».

Le siège réduit au minimum la fatigue de l'ouvrier ; il augmente par suite la surface travaillée dans un temps donné, et rend le labour exécutable par de nombreux blessés qui en seraient écartés par leur mutilation ou leur impotence.

Presque toujours la charrue porte un siège pour
le laboureur ; celui-ci n'a, dès lors, qu'à conduire

l'attelage et manœuvrer les leviers à bout de raie. Le siège est placé au-dessus du versoir.

Charrues pour labour à plat.

Sans revenir sur les avantages du labour sans dérayures nous répétons du moins qu'il pourrait être pratiqué en France sur des aires beaucoup plus étendues que celles qui lui sont actuellement soumises. Certaines terres cultivées en planches sont assez saines pour être, dès à présent, travaillées à plat (1) ; la plupart des autres le peuvent devenir par drainage.

Le labour à plat exige chez nous l'emploi de charrues versant alternativement à droite et à gauche.

De telles charrues existent depuis fort longtemps. De nombreux types ont été proposés qui subsistent malgré leurs imperfections ; mais, en fait, de nos jours, parler de labour à plat, c'est évoquer :

soit une charrue bascule,

soit un brabant double.

Charrues bascules.

Leur aspect général est donné par les fig. 14, 33 et 36.

La charrue fonctionne en navette d'une rive à l'autre du champ. A bout de raie on la fait basculer pour mettre en position de travail le corps qui était en l'air ; puis on revient le long du sillon qui vient d'être ouvert.

____

(1) Au besoin quelques raies d'égouttement seront tracées après coup à la charrue, dans les directions convenables.

La plupart des charrues-bascules sont montées pour tracer plusieurs raies à la fois ou pour effectuer des labours très profonds : elles sont ti- rées au câble.

Certains

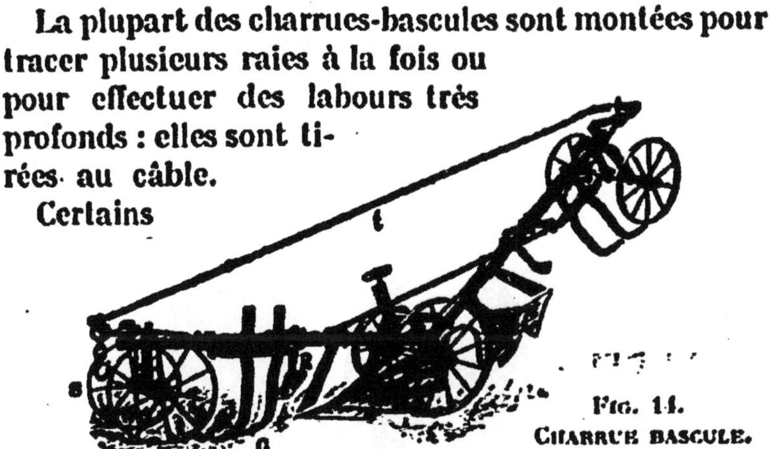

Fig. 14.

CHARRUE BASCULE.

type « dos à dos », à traction animale.

(Dans les bascules à traction mécanique la charrue versant à droite et la charrue versant à gauche sont, au contraire, généralement réunies par l'avant) (Voir les figures 33 et 36).

S est l'un des supports; *t* une tringle sur laquelle glisse le crochet d'attelage quand on est arrivé à bout de raie et lorsqu'on retourne l'attelage pour repartir en sens inverse.

Cette charrue est munie de rasettes (*R*) et de griffes fouilleu- ses (*G*), celles-ci ameublissent le sous-sol.

modèles légers sont cependant utilisables par attelage direct (animaux ou tracteur).

Brabants doubles.

Ces appareils perfectionnés sont maintenant connus dans toutes les régions, mais dans certaines ils ne sont pas encore aussi répandus qu'ils pourraient et devraient l'être vu les qualités particulières du labour à plat (voir page 10).

Emploi du brabant double.

Ce que nous avons dit du *réglage* du brabant sim-

FIG. 15. — CHARRUE BRABANT DOUBLE (*disposée pour verser à gauche.*)
(La figure 16 donne la nomenclature des principales pièces).

ple s'applique au brabant double, c'est-à-dire que l'on obtient :

la profondeur par la vis de terrage ;

la largeur par l'écartement des roues ;

le talonnage par le régulateur vertical ;

le bordayage par le régulateur transversal ;

l'aplomb par l'encliquetage.

Bien entendu l'étrier reçoit deux chevilles et l'écamoussure porte deux clichets. Ceux-ci sont généralement fixés à la même hauteur, mais s'il est nécessaire l'un d'eux peut être placé plus bas que l'autre : l'essentiel est que le plan des étançons soit bien vertical à l'aller comme au retour.

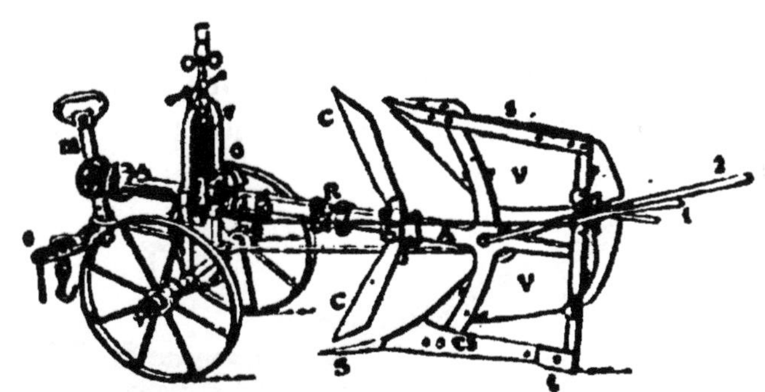

FIG. 16. — CHARRUE BRABANT DOUBLE,
disposée pour verser à droite.

A, âge tournant commun aux deux jeux de pièces travaillantes. — B, point de fixation des rasettes sur l'âge. — C, C, coutres. — V, V, versoirs. — S, c s et t, soc, contresep et talon du corps droit ; les pièces correspondantes du corps gauche ont été démontées pour montrer son sep s.

Le régulateur est formé par l'étrier e (réglage du bordayage) et le montant d'étrier m (réglage du talonnage).

V est la vis de terrage (réglage de la profondeur).

Les cliquets (réglage de l'aplomb) sont visibles l'un en c, l'autre à l'extrémité de la petite flèche ; engagé dans celui-ci on voit le verrou d'encliquetage que l'on manœuvre de l'arrière grâce à la petite poignée 1. — 2 est la grande poignée de renversement (utilisée lors du changement de corps, à bout de raie).

Avec un peu d'habitude le *changement de corps* à

bout de raie s'exécute très facilement d'une seule main, sans fatigue et très rapidement. Il met en œuvre d'abord la petite poignée de décliquetage, ensuite la grande poignée de redressement.

Dans son mouvement tournant sur le guéret, l'attelage doit faire glisser le crochet de traction de l'une à l'autre cheville de l'étrier.

CHARRUES TRAÇANT PLUSIEURS RAIES A LA FOIS

Ces charrues, improprement appelées « polysocs » sont avantageuses pour l'exécution rapide et économique des labours.

Ceci n'est vrai toutefois, avec les animaux, que des labours légers et moyens.

En culture mécanique, au contraire, l'emploi de ces charrues est la règle, sauf bien entendu pour les grands défoncements.

Fig. 17. — POLYSOC DÉCHAUMEUR.
L'horizontalité du bâti et le réglage de la profondeur sont obtenus en manœuvrant la vis v de la roue avant et le levier l qui commande l'essieu coudé des roues porteuses. Les mêmes organes v et l servent à mettre la déchaumeuse dans la position de transport que montre la figure. m est le mancheron de direction.

Les charrues traçant plusieurs raies à la fois sont toujours *à support*; ce sont :

pour les labours en planches : des charrues à deux

roues (généralement montées en brabant) ou des charrues tricycles (fig. 32);

pour les labours à plat : des brabants doubles ou des bascules (fig. 33 et 36).

Il faut mettre un peu à part les déchaumeuses (fig. 17) qui sont destinées à des travaux très légers et dont la construction est assez analogue à celle des machines ordinaires pour scarifiage — pièces travaillantes mises à part évidemment.

CHARRUES POUR TRAVAUX SPÉCIAUX

Elles permettent d'effectuer des travaux très différents les uns des autres, mais qui ont ceci de commun qu'ils ne sont pas de pratique courante dans toutes les exploitations.

Les unes répondent à des cultures particulières. Telles sont les charrues vigneronnes et les charrues butteuses.

Les charrues vigneronnes proprement dites permettent le « déchaussement » et le « rechaussement » des vignes.

Pour permettre ces travaux qui exigent que les pièces travaillantes passent très près des ceps la traction et les mancherons sont déportés vers l'interligne. Quand la charrue est employée successivement pour déchausser et rechausser le sens de cette déviation est changé pour l'une et l'autre opération.

Les interlignes peuvent bien entendu être travaillés au moyen de charrues quelconques.

Les charrues butteuses écartent la terre simultanément à droite et à gauche, grâce à leurs deux versoirs symétriques par rapport au plan des étançons.

Parfois les deux oreilles sont mobiles, réglables et peuvent être plus ou moins écartées suivant l'espacement à donner aux sillons.

FIG. 18. — CHARRUE BUTTEUSE *à oreilles réglables.*
La profondeur du travail se règle en faisant coulisser dans sa mortaise le montant de la roulette-support *r.*
L'écartement des versoirs est modifié à volonté grâce au levier *l.*

Un second groupe est constitué par :

les *défonceuses* qui retournent une certaine épaisseur de sous-sol en même temps que la couche arable;

les *sous-soleuses* et *fouilleuses* qui ameublissent la terre de la profondeur sans la brasser avec la terre de surface (les griffes ou dents de ces machines sont plus ou moins comparables aux pièces des scarificateurs; on en monte parfois d'analogues sur les charrues ordinaires dont elles complètent le travail, — c'est le cas, par exemple, pour la bascule représentée figure 14).

Une dernière catégorie enfin est celle des charrues qui servent à des travaux d'un ordre tout-àfait spécial et n'intéressant la culture qu'indirectement.

Nous citerons seulement les charrues *draineuses, rigoleuses* et *fossoyeuses* que l'on ne rencontre pas fréquemment en France et les charrues dites « déboiseuses ».

CHAPITRE II

LES SCARIFIAGES

Le scarifiage, parfois appelé « quasi-labour », consiste à ouvrir, à déchirer la terre sans toutefois la retourner comme fait le labour.

Son objet est, typiquement, de perfectionner l'ameublissement du sol sur une partie de la profondeur atteinte par la charrue. Il sert souvent alors en outre (comme parfois le labour, nous l'avons dit) à enfouir un engrais complémentaire ou à enterrer une semence.

Toutefois les rôles essentiels des machines étudiés plus loin sont ceux qu'elles jouent dans les façons d'été dont le but est :

d'arracher les mauvaises herbes et de mettre leurs graines en état de germination (un labour ultérieur détruira les plantes ainsi levées);

de rendre la couche superficielle du sol poreuse et par suite capable d'absorber l'eau des pluies au lieu de la laisser ruisseler et s'évaporer;

le cas échéant, de préparer rapidement une culture
dérobée.

Ajoutons que dans certains procédés de culture où
la charrue n'est pas employée, la division du sol
est obtenue uniquement au moyen de scarifiages
répétés.

Nous distinguerons d'une manière simple :
> les *appareils à dents :* scarificateurs proprement
> dits et autres.
> les *appareils à disques* ou pulvériseurs.

SCARIFICATEURS ET APPAREILS ANALOGUES

Ils diffèrent par la nature de leurs pièces travaillantes mais leur structure d'ensemble est très peu
variable.

Constitution générale.

Dans les types de machines courants en France, le
bâti est un châssis presque toujours métallique, de
forme triangulaire, rectangulaire où pentagonal,
soutenu à l'arrière par deux roues porteuses et à
la partie antérieure par un petit avant-train pivotant, fait le plus souvent de deux roulettes (fig. 19),
mais parfois d'une seule.

L'avant-train et les roues porteuses peuvent être
déplacées en hauteur, de manière que le bâti soit plus
ou moins voisin du sol : c'est le *réglage* de l'« entrure »
des dents et, par suite, de l'énergie de la façon. Il est
important que, quelle que soit la position du bâti, celui-ci soit bien horizontal, de telle sorte que les dents
prennent toutes la même profondeur.

Les leviers (ou, pour quelques appareils, les vis) qui permettent ce réglagle du châssis, servent en outre au *relevage* de l'appareil en fin de train : les scarificateurs et les machines analogues sont en effet construits pour attaquer le sol en marchant en ligne droite et non en courbe, et les pièces travaillantes seraient rapidement faussées si l'on ne sortait les dents de terre pour effectuer les virages sur les rives du champ.

Ces leviers sont naturellement employés aussi pour mettre l'appareil en ordre de déplacement sur les routes et chemins.

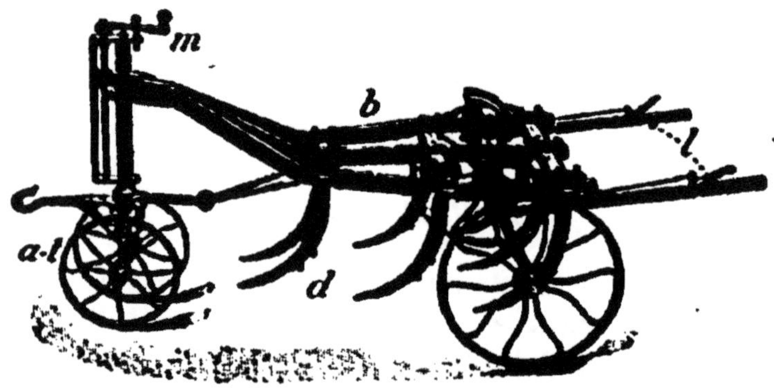

Fig. 19. — SCARIFICATEUR (OU HERSE-BATAILLE).

L'horizontalité du bâti *b* et sa hauteur au-dessous du sol (et par suite la profondeur de la façon) se règlent au moyen de la manivelle *m* qui agit sur l'avant-train *a-t* et des leviers *l* qui agissent sur les roues arrière.

La figure représente l'appareil dans la position de relevage maximum (transport); pendant le travail, on déterre en fin de raie en se servant seulement des leviers *l*.

Les pièces travaillantes sont ici constituées par des dents longues *d* montées sur étançons rigides, c'est-à-dire des pièces de scarificateur véritable.

Les *pièces travaillantes* sont en nombre variable, suivant leur écartement latéral et la largeur travaillée à chaque passage. En général elles sont 9, 11 ou 13, mais les machines étroites n'en ont que 5 et d'autres 15, 17 et même 19.

Elles sont également espacées (sens de la largeur), à une distance de 12 à 20 centimètres et généralement de 15 environ. D'autre part, deux dents traçant deux sillons voisins sont aussi éloignées (sens de la longueur) qu'il est possible, ceci pour réduire les chances de bourrage.

C'est leur forme qui détermine le genre de l'appareil considéré. Un même bâti peut d'ailleurs recevoir des jeux de pièces différentes pour des travaux de natures diverses, mais cette possibilité n'est que rarement utilisée par l'agriculteur.

Diverses sortes d'appareils à dents.

Quand les pièces sont, somme toute, de très fortes dents de herse, rectilignes et à section carrée, la machine est un *diviseur*.

Quand elles sont terminées à la partie inférieure par une lame horizontale triangulaire, à bords tranchants, c'est un *extirpateur*.

Quand elles sont à action plus ou moins profonde, mais surtout verticale, et rigides, c'est un *scarificateur* proprement dit (fig. 19).

Quand enfin elles sont montées sur étançon élastique (fig. 20), c'est un *cultivateur*.

Les diviseurs sont très peu répandus.

Les extirpateurs sont utilisés lorsqu'il n'y a pas lieu de remuer le sol profondément, mais seulement de l'écrouter et surtout — ce qui est leur rôle principal — de couper « entre deux terres » les racines ou les tiges souterraines des mauvaises herbes.

Les scarificateurs et les cultivateurs souvent nommés « canadiens », sont au contraire d'un usage général et permettent d'exécuter des travaux très variés : déchaumages, rafraîchissement ou amélioration des labours, enterrage de graines.

Il faut espérer voir ces machines se multiplier chez nous pour le nettoyage de nos terres très envahies par les plantes adventices. Les engrais — dont on parle si fréquemment en premier lieu quand on propose des remèdes à notre production déficitaire — ne sauraient en effet, donner leur entier résultat que dans des sols propres : ailleurs, les mauvaises herbes en profiteront autant et souvent plus que la plante cultivée.

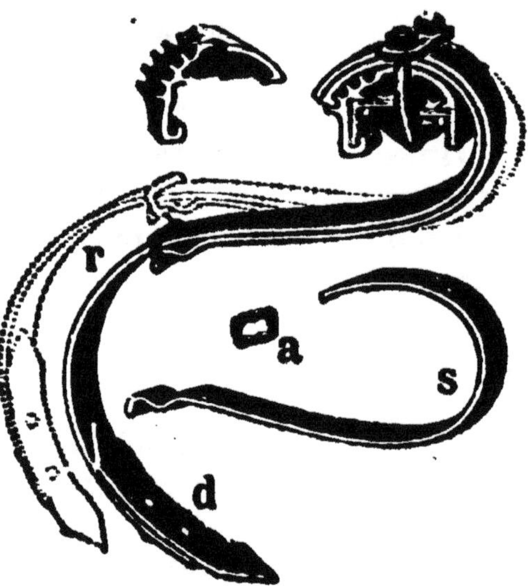

FIG. 20.

PIÈCE TRAVAILLANTE DE CULTIVATEUR.

La dent *d* est fixée sur un étançon flexible formant ressort (*r*). La portion la plus fatiguée de celui-ci est renforcée par un soutien *s* (*a* anneau d'attache).

La figure montre en même temps l'un des nombreux modes de fixation des pièces travaillantes sur les traverses du bâti.

Le *cultivateur* (à étançons flexibles) doit être préféré au scarificateur proprement dit (à pieds rigides). Il est tout aussi capable que lui d'attaquer les terres enherbées et durcies : malgré leur apparence frêle, ses lames de ressort se faussent moins facilement que les tiges sans élasticité du scarificateur. D'un autre côté le cultivateur divise mieux le sol par les vibrations continuelles de ses dents. Enfin et surtout, à travail égal, l'effort de traction qu'il demande est beaucoup plus faible.

Certains cultivateurs sont pourvus d'un siège pour

FIG. 21. — CULTIVATEUR CANADIEN à siège.
A proximité du siège s est le levier de terrage l qui agit sur les cadres porte-dents c. — r, ressorts des compartiments.

le conducteur. Leur montage est alors très différent de celui des types généralement usités en France : les dents sont fixées sur des cadres mobiles, indépendants, suspendus sous une sorte de châssis de voiture à deux ou trois roues. Un levier agissant sur des ressorts permet d'appuyer plus ou moins sur les compartiments et de régler ainsi l'entrure de pièces travaillantes.

PULVÉRISEURS.

Ce sont des instruments encore trop peu connus du grand public agricole, mais qui se diffusent assez rapidement depuis quelques années (notamment dans le Midi), en raison de l'excellente qualité du travail qu'ils délivrent.

Ils sont extrêmement répandus dans les Etats-Unis de l'Amérique du Nord où on les emploie depuis plus de trente ans.

Les pièces travaillantes sont des disques d'acier embouti que la traction déplace obliquement à la surface du sol, où ils pénètrent par leur bord inférieur.

L'aspect général de la machine est donné par la figure : les leviers de terrage agissent en diminuant l'ouverture de l'angle que forme avec le timon chacun des deux axes porte-disques.

Fig. 22. — PULVÉRISEUR (ou « HERSE A DISQUES »).
(On voit les deux leviers de terrage en avant du siège du conducteur.)

CHAPITRE III

LES HERSAGES

Le hersage consiste à gratter le sol très superficiellement.

C'est une opération du même genre que le scarifiage, mais plus fine et surtout moins profonde : alors que les dents des machines précédentes pénétraient dans la terre à 6, 8, 10 centimètres et parfois un peu plus, celles de la herse n'atteignent que rarement 6 centimètres. En fait, la distinction est un peu subtile et conventionnelle : l'emploi fréquent des termes « herses batailles » et « herses à disques », pour désigner respectivement les scarificateurs et les pulvériseurs en est une preuve excellente.

Il y a deux catégories principales de herses :
les herses traînantes, d'une part;
les herses roulantes, d'autre part.

HERSES TRAINANTES

Les *herses d'épines*, fabriquées à la ferme même, sont extrêmement légères; le praticien les emploie pour recouvrir les graines de très faible diamètre qui doivent être fort peu enterrées.

Les herses ordinaires ont des dents non élastiques, à section carrée, circulaire ou en lame de couteau.

Le bâti qui porte ces dents est parfois un cadre unique, jadis en bois, actuellement métallique, de forme variée (triangle, trapèze, parallélogramme, zig-zag); mais les *herses rigides* ainsi constituées, à moins d'être de petites dimensions, ne travaillent pas également tous les points de la surface du sol lorsqu'il n'est pas bien de niveau.

Aussi réunit-on souvent de tels petits cadres (généralement en zig-zag, comme dans la figure 23), les uns près des autres, pour constituer des *herses à compartiments*, dont les divers éléments ont une certaine mobilité, les uns par rapport aux autres.

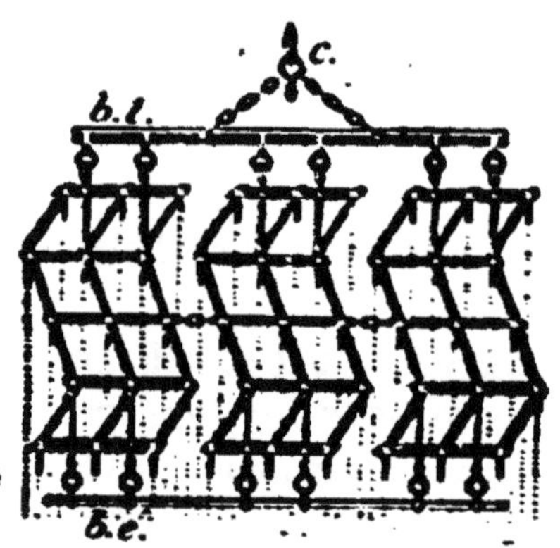

FIG. 23.

HERSE A COMPARTIMENTS.

c, crochet d'attelage. — *bt*, barre de traction. — *be*, barre d'équilibre.

En remplaçant la barre d'équilibre par la barre de traction (et réciproquement) on travaille « en accrochant » au lieu de travailler « en décrochant ».

L'énergie du hersage dépend : 1º du poids de la machine; 2º de l'agression des dents, c'est-à-dire de leur inclinaison par rapport au sol.

Le poids de la herse varie (par dent) du simple au triple, suivant la consistance du sol à travailler. Le bâti peut en outre être surchargé pour augmenter la profondeur atteinte.

L'agression des dents est généralement fixe, mais

elle permet néanmoins de donner deux intensités différentes à la façon : lorsqu'en effet la herse marche « en accrochant », c'est-à-dire la pointe des dents en avant, l'entrure est nécessairement plus grande, à charge égale, que lorsqu'elle marche « en décrochant ». Dans certains appareils d'ailleurs, l'agression des dents est réglable par levier (*herses à dents inclinables*).

Les herses canadiennes sont, somme toute, des cultivateurs canadiens de petite dimension.

Les dents sont identiques par la nature et le montage (lames de ressort) à celles des cultivateurs mais elles ont naturellement une taille plus réduite ; le bâti au lieu de reposer sur le sol par des roues, glisse directement sur lui par ses longrines. La profondeur du hersage est réglée par levier, comme dans certains cultivateurs dits « à angle d'action variable ».

Fig. 21. — HERSE CANADIENNE
(position de transport).

Les lames de ressort portant les dents *d* sont fixées sur des barres transversales *b* que l'on peut faire pivoter par rapport au bâti grâce au levier de terrage *t* (réglage de la profondeur et mise en ordre de route).

c est le crochet d'attelage ; *m* sont les mancherons servant à diriger la herse.

L'élasticité des dents leur permet de mieux suivre le terrain, même sur bâti unique, rigide. Pourtant on trouve généralement préférable d'accoupler plusieurs tels compartiments, au moins pour les machines menant un large train.

Les herses souples ont pour but d'épouser parfaitement les formes du sol pour travailler sa surface uniformément en tous les points.

Dans certaines — qui ressemblent, au premier coup d'œil, à des herses accouplées à dents rigides —, cha-

FIG. 25. — HERSE ARTICULÉE.
Au lieu d'être rigides comme dans la machine représentée par la figure 23, les trois compartiments de cette herse sont articulés suivant leurs traverses.

cun des compartiments est articulé dans le sens de la longueur, c'est-à-dire que les traverses qui le forment (et qui portent les dents) sont mobiles les unes par rapport aux autres.

Mais dans la plupart, il n'y a pas, à proprement parler, de bâti. La partie active de la herse est formée de petits éléments portant trois dents et réunis par des anneaux qui laissent à chacun sa mobilité propre.

Les herses souples, au moins celles de cette dernière catégorie, sont légères et surtout destinées à l'entretien des prairies.

FIG. 26.
Élément de HERSE SOUPLE.

La herse est constituée en assemblant par leurs crochets et boucles, des trépieds de ce genre.
L'intensité de la façon peut être augmentée en adoptant à chacun des éléments *e* une surcharge telle que *s*.

Citons encore les **herses à dents indépendantes** — à la vérité peu répandues — qui permettent, par relevage de certaines des pièces travaillantes, de sarcler les cultures en lignes.

HERSES ROULANTES

Dans les herses traînantes, les dents sont immobiles ou peu mobiles, — en dehors bien entendu de la translation d'ensemble que leur confère la traction et des mouvements verticaux que les articulations leur permettent pour suivre les mouvements du sol.

Dans les herses roulantes, il en est tout autrement, Les dents sont réunies par cinq ou six en « étoiles ».

FIG. 27. — HERSE ROULANTE (ou « ÉCROUTTEUSE-ÉMOTTEUSE ».
Pour le transport sur route, on retourne la machine qui glisse alors sur les patins visibles ci-dessus.

dont elles forment les rayons; les pièces travaillantes ainsi constituées sont enfilées sur des axes transversaux de section carrée, tournant dans des coussinets du bâti par des tourillons cylindriques.

Ces herses sont légères de traction, malgré leur poids qui correspond à celui des plus lourdes herses à dents rigides.

Elles fournissent un travail énergique et excellent dont la nature est très exactement définie par les qualificatifs par quoi les désignent les constructeurs : écroutteuses, émotteuses, pulvérisantes, etc...

Ce sont en fait de très bonnes machines, déjà fort répandues mais qu'on ne saurait trop conseiller, tant pour la préparation du sol avant l'ensemencement— qui nous occupe en ce moment — que pour certaines façons d'entretien.

CHAPITRE IV

LES ROULAGES

Le roulage consiste à faire passer sur le sol un cylindre plus ou moins pesant.

Son objet est, à la fois, de compléter l'émiettement du sol par écrasement des mottes et de raffermir et niveler sa couche superficielle par compression des éléments qui la composent. Cette double action achève la préparation du lit de semence.

En dehors de cet emploi, le roulage a de nombreuses applications :

après certaines semailles, notamment au printemps, il sert à tasser le sol autour des graines, ce qui favorise à divers égards leur germination;

dans les opérations de destruction dés mauvaises herbes il remplit un rôle analogue, après un déchaumage ou un hersage, pour faire lever les plantes adventices qui seront ensuite retournées par un labour ou arrachées par un scarifiage;

pour l'entretien des cultures il permet, au sortir de l'hiver, le rechaussement des plantes dans les terres soulevées par le gel.

La combinaison judicieuse des hersages et des roulages révèle l'art du cultivateur avisé.

Suivant que l'effet dominant de la machine est de niveler et de tasser le sol en surface, ou plutôt de diviser des mottes volumineuses et résistantes, on distingue :

les rouleaux plombeurs,
les rouleaux brise-motte.

Cette classification n'a rien d'absolu, on le conçoit. Elle n'embrasse d'ailleurs pas certains rouleaux, à la vérité peu employés, par exemple :

les *rouleaux à balles* imaginés par Mathieu de Dombasle pour favoriser le tallage des céréales, et qui sont des appareils très légers faits d'un cylindre de bois, à claire-voie;

les *rouleaux de profondeur*, utilisés dans la pratique du « dry farming » c'est-à-dire dans la culture, sans irrigation, des terres sèches;

etc...

ROULEAUX PLOMBEURS

Les machines de ce genre les plus employées en France sont des rouleaux lisses, c'est-à-dire à surface unie.

Ils étaient autrefois en bois ou en pierre, et d'une seule pièce, — ce qui provoquait des affouillements dans les tournées.

Ils sont maintenant en fonte, ou mieux en tôle d'acier — ce qui permet de leur donner un diamètre

Fig. 28. — ROULEAU LISSE, *à limonière.*

plus grand pour un poids égal, — et faits de deux à cinq segments de 50 ou 60 centimètres de long, mobiles chacun pour leur compte.

Les rouleaux ondulés sont également constitués de plusieurs sections portées sur le même axe de roulement, mais leur surface est cannelée, suivant les directrices du cylindre.

Ces rouleaux brisent mieux les mottes et « plaquent » moins le sol que les précédents. Après un semis, ils tas-

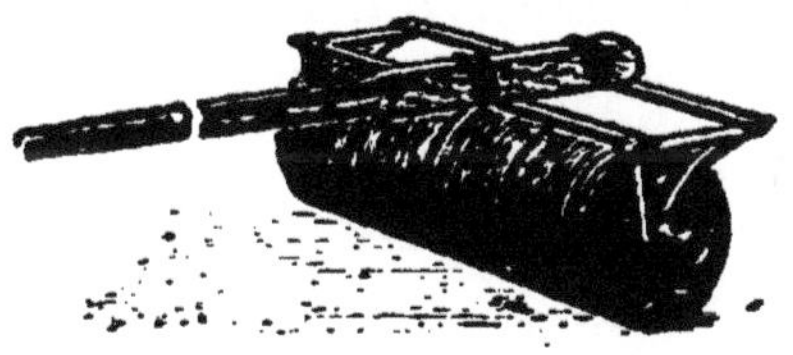

Fig. 29. — ROULEAU ONDULÉ.
à flèche.

sent la terre plus convenablement autour des graines, au moins lorsque celles-ci sont de petites dimensions et par suite peu enterrées.

Les rouleaux à disques ont le même aspect, si ce n'est que les cannelures offrent un profil angulaire et non plus courbe, mais elles correspondent ici à autant d'éléments distincts, — de roues, si l'on veut, qui se-raient enfilées jointives sur l'axe du rouleau.

Ces disques tournent indépendamment les uns des autres, — ce qui empêche l'engorgement en terre humide, fréquent avec le rouleau ondulé.

Les rouleaux à disques sont très employés dans les États-Unis de l'Amérique du Nord, où l'on apprécie beaucoup leurs qualités pulvérisantes.

Les *rouleaux squelettes* ne sont, en fait, qu'une variété des rouleaux à disques. La jante des roues est seulement un peu plus étroite, si bien que la périphérie du rouleau est, pour ainsi dire, à claire-voie.

ROULEAUX BRISE-MOTTES

On réserve, nous l'avons dit, cette désignation à des machines particulièrement aptes à diviser les grosses mottes dures qui se forment en certaines circonstances dans les terres lourdes, mottes que les autres rouleaux enfonceraient souvent sans les écraser.

Les brise-mottes répondent actuellement à un type unique, appelé **rouleau Croskill** du nom de son inventeur.

L'appareil est un rouleau à disques indépendants, mais ses éléments — au lieu d'être à jante triangulaire lisse — sont garnis, à la périphérie, d'aspérités propres à faire éclater les blocs terreux les plus résistants.

Ces dents sont de forme assez variées suivant les modèles. En général elles sont assez arrondies, mais souvent l'agriculteur les demande pointues ou « en pied de mouton ».

Fig. 30. — ROULEAU BRISE-MOTTE dit « CROSKILL » (à avant train).

On conçoit que les aspérités, favorables à la destruction des mottes, seraient bientôt inefficaces si un dispositif n'évitait que leurs intervalles se remplissent de terre.

La division du rouleau en disques tournant chacun pour son compte évite en partie cet engorgement, d'autant mieux que ces roues ont un œil très large qui leur permet de jouer librement sur l'axe qui leur est commun.

Mais le plus fréquemment, les disques sont alternativement de grand et de petit diamètre (par exemple les uns de 50, les autres de 45 centimètres), ce qui assure d'une manière parfaite leur nettoyage réciproque.

Nous ne pouvons nous dispenser de consacrer quelques pages à la Motoculture, bien que ce soit là, plutôt, une question *de force motrice* (dont nous avons, d'ailleurs, dit quelques mots en parlant *des moteurs agricoles* dans l'AMÉNAGEMENT DE LA FERME, p. 31.)

Cette étude très succincte est placée immédiatement après celle des machines de préparation du sol, parce que la « culture mécanique » s'applique surtout aux travaux qui précèdent l'ensemencement et notamment aux labours.

Toutefois, il nous faut signaler :

que les tracteurs sont employés pour remorquer d'autres instruments que les charrues, les cultivateurs, les herses et les rouleaux (voir par exemple les figures 69 et 74.)

qu'il existe des houes automobiles, des faucheuses automobiles, etc.

que les treuils, enfin, sont actuellement souvent utilisés pour tirer les arracheurs de betteraves.

Ajoutons que tous les tracteurs possèdent une poulie qui leur permet d'actionner les machines d'intérieur de ferme (batteuses, etc.)

LIVRE I *bis*

MOTOCULTURE

(CHAPITRE V)

A proprement parler — et par opposition aux procédés basés sur l'emploi de la force du cheval, du bœuf ou même de l'homme — la motoculture est l'exécution des travaux de plein champ (ou de certains de ces travaux) avec l'aide de moteurs inanimés.

Toutefois, pour des raisons qui apparaîtront par la suite, nous en rapprocherons l'usage des treuils à manège qui servent, depuis de longues années déjà, à pratiquer les défoncements.

Les principaux modes de motoculture sont au nombre de trois. Ils consistent :

le premier — à substituer aux animaux un *tracteur* attelé à leur place au crochet de la machine, et qui la remorque à travers le champ;

le second — à adjoindre à l'instrument un moteur

qui fait corps avec lui et meut ses roues de support :
on obtient ainsi une *charrue automobile;*

le troisième — à faire actionner par le moteur un
treuil sur lequel s'enroule un câble : la machine que
l'on veut faire mouvoir est alors fixée à l'extrémité
de celui-ci, et tirée par lui.

TRACTEURS

Selon la manière dont ils se déplacent, les tracteurs
peuvent être divisés en deux catégories : les *tracteurs
automobiles* et les *tracteurs toueurs.*

TRACTEURS AUTOMOBILES

Les tracteurs automobiles sont de beaucoup les
plus répandus : ils avancent en prenant appui directement sur le sol, soit par des roues, soit par des chevilles.

Tracteurs à roues.

Les tracteurs actuels sont tous actionnés par un
moteur à explosions (1) et marchent à l'essence. Plusieurs modèles peuvent également fonctionner, dans
des conditions de régularité variables d'ailleurs, avec
des combustibles plus économiques : benzol, pétrole
lampant, alcool, etc...

---

(1) Les tracteurs à vapeur — les premiers réalisés cela va sans
dire — sont de nos jours complètement abandonnés. Aucun ne travaille en France.

Ils étaient portés par deux paires de roues (l'une directrice et l'autre motrice) et analogues aux locomotives routières.

Fig. 31. — Tracteur automobile a roues,
exécutant un labour en planches avec une charrue tricycle.

L'aspect général des tracteurs est très divers : chez les uns il n'y a qu'une roue de direction, soit à l'avant, soit à l'arrière; d'autres ont un organe propulseur unique, large roue ou même grand tambour cylindrique ayant 1 m. 20 ou 1 m. 50 de génératrice; certains au contraire sont munis de quatre roues motrices. Cependant, dans la règle, la disposition est celle que montre la photographie de la page 59.

Les deux roues avant, d'assez petites dimensions (diamètre 70 ou 80 centimètres en général), servent à diriger l'appareil : le conducteur agit sur elles par l'intermédiaire d'un volant placé à proximité de son siège.

Les deux roues arrière, hautes de 1 m. 50 en moyenne, portent la majeure partie du poids du tracteur et sont motrices. Leur jante est large d'une quarantaine de centimètres — pour répartir la pression sur une grande surface du sol et éviter que celui-ci soit exagérément tassé —; de plus elle est garnie d'aspérités (au mieux : de cornières obliques) — afin d'assurer une bonne adhérence pendant le travail.

Le moteur est également très variable.

On peut cependant dire que, dans la grosse majorité des cas, il possède deux ou quatre cylindres, tourne à moyenne vitesse (400 à 800 tours à la minute) et délivre de 15 à 30 HP sur l'arbre.

Ce nombre de chevaux-vapeur est utilisable en totalité quand le tracteur attaque par courroie des instruments d'intérieur de ferme (batteuse, presse à fourrage, etc.); mais quand on s'en sert pour tirer une charrue ou toute autre machine de plein champ (scarificateur, herse, rouleau, etc.) une part importante de l'énergie du moteur est absorbée par les transmissions et surtout employée à mouvoir le tracteur lui-même, si bien que le reste seulement (1) demeure disponible pour remorquer l'instrument aratoire. Cette « puissance à la barre d'attelage » se plie à des travaux d'intensité diverse, grâce à un changement de vitesse qui permet d'adapter l'allure du tracteur à l'effort qu'on lui demande : la prise directe correspond en général au labour, elle fait se déplacer à raison de 3,5 ou 3 kilomètres à l'heure une charrue à trois raies prenant une profondeur moyenne; pour des façons n'exigeant qu'une traction moindre, on utilise les autres vitesses, plus élevées et qui donnent naturellement une plus grande surface horaire travaillée.

Les charrues employées sont, très généralement, des charrues ne versant que d'un côté et faisant, par suite, du labour en planches; elles sont montées en tricycle et possèdent un mécanisme de relevage automatique

Fig. 32. — CHARRUE TRICYCLE A TROIS RAIES
pour labour en planches par tracteur.
En avant des leviers de réglage on voit la corde permettant d'actionner le « relevage automatique » à partir du siège du tracteur.

---

(1) parfois pas plus de la moitié.

que l'on embraye en fin de raie pour déterrer les corps
en travail.

Les tracteurs sont pratiquement utilisables, dès
que le rayage atteint 150 mètres de long, lorsque la
pente n'excède pas 5 à 8 %. Quand on a affaire à des
champs assez inclinés, il est commode d'employer une
charrue dont on puisse mettre l'un des corps hors travail pendant les trains montants : cela permet de se
contenter d'un tracteur moins puissant.

Tracteurs à chenilles.

Le principe utilisé pour la propulsion des tracteurs
à chenilles est désormais universellement connu. Pendant la guerre 1914-18 il a été, en effet, appliqué aux
« tanks » que seule une minorité a vus en action,
mais que tout le monde a pu contempler plus à loisir
— d'abord en photographie, dans les périodiques illus-
trés. — ensuite en nature, depuis que la cessation des
hostilités a mis à la portée de tous les tempéraments
l'étude directe des engins guerriers.

Certains chars d'assaut ont d'ailleurs été adaptés
à des travaux plus pacifiques et notamment à ceux
que nous étudions en ce moment (fig. 33).

Les types les plus courants ont deux voies sans fin
comme les tanks de guerre et virent, comme eux, par
différence de vitesse entre ces deux chemins de roulement.

Les autres ont des organes de direction distincts :
— soit une courte chenille, — soit une ou deux roues
ordinaires analogues à celles dont nous avons parlé

ci-dessus à propos des tracteurs à roues. Certains de ces appareils à avant-train directeur n'ont qu'une chaîne motrice.

FIG. 33. — TRACTEUR AUTOMOBILE A CHENILLES, *exécutant un labour à plat avec une charrue bascule.*

Les avantages du système à caterpillar sont :

1º d'augmenter l'effort que l'on peut demander à un tracteur de poids donné, et par suite de permettre des travaux plus puissants;

2º et surtout, de diminuer le tassement du sol par l'augmentation des surfaces portantes.

On lui a reproché, par contre, l'usure assez rapide des roues dentées motrices et des articulations qui réunissent les éléments des chenilles.

Le moteur et les conditions d'emploi sont analogues à ce que nous avons dit pour les tracteurs à roues.

TRACTEURS TOUEURS

Du fait de l'appui défectueux qu'ils prennent sur le sol, la force de traction maxima que peuvent donner les appareils précédents n'est jamais qu'une assez faible partie de leur poids.

Pour l'augmenter sans alourdir le tracteur, on a eu l'idée de recourir à un mode de propulsion différent, dont on trouve le principe dans certains bacs servant au passage des rivières, qui est utilisé en grand par quelques compagnies de navigation fluviale, et que l'on appelle le touage.

L'appareil se hâle — par un jeu de poulies qu'actionne son moteur — sur un câble tendu d'un côté à l'autre de la pièce à travailler. Il fait ainsi la navette entre les deux rives du champ en remorquant une charrue bascule ou un brabant double, qui exécute un labour à plat.

FIG. 31. — TRACTEUR TOUEUR.

c c le câble, tendu d'une rive à l'autre du champ, et sur lequel le tracteur se hâle grâce aux poulies visibles sur le côté.
La charrue est remorquée par le câble de traction visible près de la roue porteuse (à gauche de la figure).

Au fur et à mesure que la façon progresse, les deux chariots-ancres qui fixent les extrémités du câble sont déplacés le long des fourrières, au moyen de treuils.

Le tracteur est muni de deux paires de roues.
La première sert à la direction.
La seconde est simplement porteuse quand on la-

boure en touant, mais elle peut aussi être embrayée sur le moteur : l'appareil est alors capable de se déplacer par ses propres moyens pour passer d'une parcelle à une autre et aller de la plaine à la ferme ou réciproquement. Cette disposition permet également de l'utiliser comme tracteur automobile après que l'on a garni ses grandes roues de cornières d'adhérence.

Au total les tracteurs toueurs sont donc des appareils mixtes qui peuvent servir :

soit pour les travaux légers et moyens : ils fonctionnent alors comme des tracteurs automobiles à roues,

soit pour les labours profonds, qu'ils exécutent en se tirant le long d'un câble.

CHARRUES AUTOMOBILES

Cette appellation ne convient exactement qu'à des charrues actionnées par un moteur fixé sur leur bâti; mais on a pris l'habitude de l'appliquer à tous les appareils — quel qu'en soit le montage — où la partie aratoire ne peut être utilisée indépendamment de la partie motrice.

L'inconvénient de ces dispositifs apparaît immédiatement sans qu'il soit nécessaire de l'exposer : il est du même ordre que celui que nous avons souligné, à propos des moteurs de ferme, en parlant des groupes moto-batteuses et analogues (1).

La plupart des charrues automobiles proprement

---

(1) l'Aménagement de la Ferme, chapitre II, *la Force motrice,* page 65.

dites doivent être rapprochées des charrues tricycles destinées à être tirées par des animaux ou par un tracteur. Les différences résident, naturellement : 1º dans les roues avant qui, supportant le moteur et étant motrices, sont de plus grand diamètre et ont de larges jantes garnies d'aspérités pour assurer une meilleure adhérence; 2º dans le bâti qui est plus robuste.

Parfois les roues porteuses sont remplacées par de petites voies de roulement, ce qui modifie sensiblement l'aspect de la charrue.

Il existe d'autre part, à côté de ces moto-charrues pour labour en planches, des brabants doubles et des charrues-balances à moteur.

Enfin on peut également classer dans ce premier groupe les charrues-brouettes automobiles, assez fatigantes à conduire, mais commodes pour le travail des cultures en lignes et des vignobles en particulier.

Les appareils d'une seconde catégorie sont constitués, en quelque sorte, par un tracteur à quatre roues avec lequel ferait corps la charrue polysoc qu'il remorque derrière lui; le bâti de cette charrue est articulé sur celui de la partie tractrice de telle sorte que l'on puisse 1º régler la profondeur, 2º déterrer entièrement les pièces travaillantes pour les tournées en fin de voyage et les déplacements sur les chemins.

Ces machines versent presque toutes d'un seul côté; il en est cependant dont la charrue est munie de deux jeux de pièces travaillantes (à peu près à la façon d'un brabant double), et qui font le labour à plat.

Un autre moyen de réaliser le labour sans dérayures a été proposé avant que le soit ce dernier dispositif : il offre quelque analogie avec l'emploi des charrues-balances. Le tracteur possède quatre roues identiques, à la fois motrices et directrices, et fonctionne en navette d'un bord à l'autre du champ sans virer sur les fourrières; à chacune de ses extrémités est articulée une charrue. Quand il marche dans un sens, la charrue arrière seule est en travail et retourne les bandes à droite (1), l'autre est soulevée au-dessus du sol; au bout de la raie, le conducteur change de siège et la machine retourne vers la rive de départ après qu'on a déterré la première charrue et abaissé l'autre qui laboure à son tour en versant à gauche (2); puis, revenu près du point d'où l'on est parti, on bascule les deux charrues et on reprend à nouveau dans le sens du premier parcours, et ainsi de suite.

TREUILS

La traction funiculaire des instruments aratoires utilise actuellement — pour faire tourner le treuil sur lequel s'enroûle le câble — la plupart des moteurs connus.

On a d'abord employé des animaux au manège, puis la machine à vapeur, ensuite les réceptrices électriques, enfin les moteurs à explosions (à carburant liquide et même à gaz pauvre). Toutefois l'introduction de ces nouvelles sources d'énergie n'a pas fait abandonner les autres : maintenant encore les treuils à vapeur sont ceux qui travaillent les aires les plus étendues.

-----

(1) par exemple.
(2) dans l'hypothèse adoptée pour le parcours initial.

Les avantages retirés de l'emploi du câble diffèrent suivant la nature du moteur :

lorsqu'on se sert d'animaux, il permet de tirer avec quelques bêtes seulement une charrue défonceuse (par exemple) qui exigerait, autrement, un attelage très important;

lorsqu'on fait usage d'un moteur inanimé, celui-ci peut avoir une puissance très élevée — ce qui est favorable à son rendement et rend possible des travaux profonds et rapides — sans que l'on ait à craindre d'abîmer le sol par un tassement exagéré (comme cela aurait lieu avec un tracteur pesant).

Les méthodes de culture par câble sont nombreuses. Elles mettent en œuvre: — soit *un treuil simple,* — soit *un treuil double,* — soit *deux treuils* séparés.

MÉTHODES A UN TREUIL SIMPLE

La charrue utilisée ne verse que d'un côté. Elle ne laboure qu'en se dirigeant vers le treuil; à la fin de chaque raie, celui-ci est débrayé et un cheval ramène la charrue à vide près de son point de départ; le câble, qui s'est déroulé pendant ce retour, est de nouveau tiré par le moteur pour l'exécution (des ou) du sillon suivant; et ainsi de suite.

Le treuil peut agir directement ou par l'intermédiaire d'une poulie de renvoi sur laquelle passe la câble :

dans le premier cas il est parfois fixe et placé au milieu du champ: il travaille alors suivant les rayons qui vont de la périphérie vers ce point; le plus souvent cependant il est établi sur l'une des fourrières et on l'y déplace, pendant les retours à vide, d'une quantité égale à la largeur du train;

dans le second cas le treuil occupe l'un des angles de la pièce et c'est la poulie de renvoi qui suit la progression du labour.

A côté de ces méthodes de travail funiculaire utilisant un treuil simple, il convient de citer l'emploi des appareils à double fin qui peuvent fonctionner :.

— soit en traction directe pour les façons légères,

— soit au câble pour les travaux plus puissants ou quand l'état du sol l'exige.

Dans le second mode d'usage — qui seul nous intéresse en ce moment — le moteur de ces tracteurs-treuils est successivement mis en rapport avec les roues motrices et avec une bobine à axe horizontal montée à l'arrière du châssis. Par la première manœuvre, le véhicule est rendu automobile et se déplace rapidement sur le champ en déroulant son câble dont l'extrémité libre est accrochée à la charrue; il se porte ainsi à 150 ou 200 mètres en avant de cette dernière, s'arrête, puis se cale ou s'ancre solidement au moyen d'organes convenables. La deuxième manœuvre embraye alors le treuil qui enroule le câble et tire la charrue. Quand celle-ci est arrivée près du tracteur, on libère le treuil, on met les roues en prise, et la machine exécute un nouveau « bond » en dévidant la remorque. Et ainsi de suite.

Méthodes a un treuil double

Si l'on met à part les tracteurs-treuils dont la mobilité propre rend le service tout différent, l'inconvénient des systèmes à un treuil simple est la nécessité de ramener la charrue en arrière, après chaque train, par la force d'un animal : il en résulte une perte de temps notable.

Les méthodes qui font intervenir un treuil double permettent d'*accélérer* ces retours à vide ou même de les *supprimer* en faisant travailler la charrue, aussi bien quand elle s'éloigne du treuil que lorsqu'elle se dirige vers lui.

Le dispositif est d'ailleurs le même dans les deux cas.

Le bâti du moteur — qui est installé sur une des fourrières — porte deux treuils indépendants sur le fût de chacun desquels est fixée l'une des extrémités du

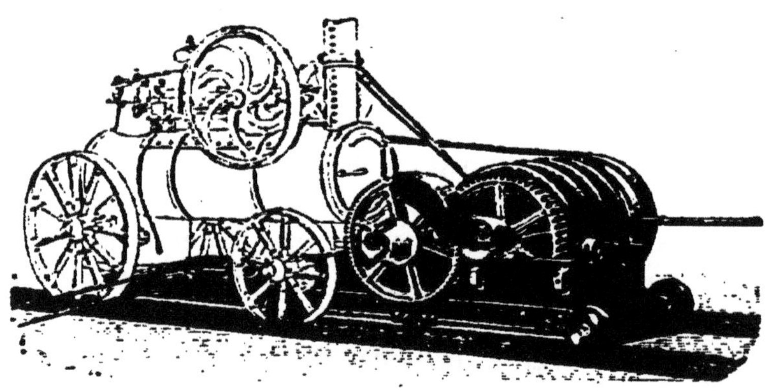

Fig. 35. — TREUIL DOUBLE
permettant l'emploi, comme moteur, de la locomobile de ferme.
On voit à gauche les deux brins du câble, servant l'un à l'aller et l'autre au retour.
L'ensemble locomobile-treuil suit la progression du labour en se déplaçant sur deux fers à double T formant rails.

câble; celui-ci passe, d'autre part, sur une poulie de renvoi ancrée à la rive opposée du champ. Quand l'une des bobines est mise en marche, elle enroule l'un des bouts du câble, l'autre brin se déroulant librement de la seconde; en changeant la position du levier d'embrayage, on rend tracteur le deuxième tambour et fou le premier, ce qui inverse le mouvement du câble.

On peut donc ainsi tirer la charrue alternativement dans les deux sens avec un moteur unique. Bien entendu ce dernier et la poulie de renvoi sont déplacés sur les bords du champ au fur et à mesure de l'avancement du labour.

Si la charrue ne verse que d'un côté, le retour se fait à vide comme tout à l'heure, mais à grande vitesse : le treuil intéressé est alors de plus grand diamètre que l'autre ou animé d'une rotation plus rapide.

Si c'est une bascule, elle travaille dans les deux sens et les deux tambours — jouant le même rôle — sont identiques et tournent à la même allure.

MÉTHODE A DEUX TREUILS

La poulie de renvoi est le point faible des derniers systèmes dont nous venons de parler, ou tout au moins de celui qui fait travailler la charrue en navette. Dans ce procédé, en effet, l'effort sur la poulie est — la moitié du temps — le double de la traction qu'exige la machine de culture; d'où la nécessité d'un ancrage très solide, qu'il faut néanmoins pouvoir déplacer assez facilement à chaque train (sous peine de perdre du temps, c'est-à-dire une partie du bénéfice recherché dans la suppression du retour à vide).

L'emploi de deux treuils — postés sur les côtés opposés de la pièce à labourer, tirant alternativement une charrue bascule, et avançant chacun sur la fourrière pendant la période de traction de l'autre — a pour but de s'affranchir de cette difficulté. Il entraîne, naturellement, l'immobilisation d'un capital plus important.

Il y a quelques années encore, les treuils employés étaient en grosse majorité mus au manège (améliorations foncières) ou à la vapeur (travaux annuels).

Dans ce dernier cas (fig. 36) l'achat du matériel, très coûteux, ne pouvait être envisagé économiquement que par de très grandes exploitations groupées en coopérative ou par une entreprise fonctionnant dans un canton à culture avancée et à sol peu parcellé (1) : il fallait en effet qu'un travail presque continu fût assuré aux machines pour réduire, dans le prix de revient des façons, la part de l'amortissement et celle de l'intérêt des capitaux engagés.

Ces conditions d'emploi intense des appareils de culture mécanique (comme de toutes les machines agricoles ou industrielles, d'ailleurs) sont évidemment favorables quel que soit le procédé envisagé, mais elles s'imposent d'une manière moins rigoureuse pour les matériels relativement peu coûteux — d'une part — et pour ceux qui, aisément déplaçables, peuvent trouver du travail dans une zone étendue — d'autre part —.

De là le succès des treuils actionnés par un moteur

---

(1) aussi n'existait-il en France que quelques-uns de ces matériels à deux locomotives-treuils : dans le Valois et le Soissonnais notamment, et dans le Languedoc pour les défoncements.

Fig. 36. — LOCOMOTIVE-TREUIL *tirant une charrue bascule.*

Au retour, la charrue est remorquée par une seconde locomotive-treuil placée sur l'autre rive du champ.

à explosions (essence, pétrole ou benzol), moins puissants, plus maniables, d'un poids réduit, qui nécessitent des transports beaucoup moins importants d'eau et de combustible, et dont quelques-uns enfin sont utilisables comme camions pour le ravitaillement de la ferme et la livraison de ses produits.

Les treuils électriques — utilisés pour la première fois de façon pratique en France, il y a vingt-cinq ans — ne se sont pas beaucoup répandus chez nous; d'autres contrées, l'Italie en particulier, leur demandent au contraire l'énergie nécessaire à la culture d'aires importantes. Ils peuvent recevoir le courant :
— soit d'une centrale installée à la ferme, ou même portée par un camion qui vient se placer sur un chemin à proximité du champ à labourer, — soit d'un réseau industriel de distribution de force.

Cette dernière solution est évidemment la meilleure : elle dispense l'agriculture du souci de la station et lui donne le kilowatt à meilleur compte. Encore faut-il qu'une ligne passe à proximité de la ferme : la multiplication des réseaux de transport d'énergie et la diffusion du courant dans les campagnes sont actuellement étudiées par le Service du Génie rural (1); et il est peu douteux qu'un des résultats de cette électrification — en dehors du confort plus grand qu'elle donnera à l'habitation du fermier (éclairage) et de la force motrice commode et bon marché qu'elle fournira à la ferme même — sera le développement de la culture par dynamo-treuils.

------

(1) Ministère de l'Agriculture, 78, rue de Varenne, Paris (VIIe).

LIVRE II

DISTRIBUTION DES ENGRAIS

(CHAPITRE VI)

Les engrais employés en agriculture sont d'origine et de nature très diverses.

Les principaux sont :

les *engrais de ferme*, obtenus sur l'exploitation même;

les *engrais chimiques*, achetés dans le commerce.

Ceux-ci se présentent tous, malgré leur grande variété, sous un aspect un peu analogue. Ils sont ou pulvérulents ou granulés, mais toujours très divisés.

Les premiers, au contraire, sont de deux consistances différentes : le fumier est solide, et le purin liquide.

Ces trois catégories de produits : fumier, purin et engrais chimiques, ne sont pas — on le conçoit — distribuées de la même manière.

Fumier de Ferme

En France, et même en Europe dans l'immense majorité des cas, le fumier est répandu à bras d'homme.

Amené de la ferme dans des charrettes ou des tombereaux, il est d'abord disposé sur le champ en petits tas généralement distants de 7 mètres et de volume approprié à l'importance de la fumure projetée.

Ces « fumerons » sont ensuite dispersés à la fourche aussi régulièrement que possible. Leur écartement habituel est, précisément, le plus grand qui permette à un homme de force moyenne d'effectuer cette distribution uniforme.

L'épandage mécanique du fumier n'est assez usité que dans les Etats-Unis de l'Amérique du Nord.

Les épandeurs fonctionnent généralement « à la volée », mais parfois « en bandes ». Ils exigent, surtout les derniers, un fumier court et bien décomposé. Nous nous contentons de les mentionner sans les décrire, vu leur emploi tout à fait exceptionnel chez nous.

Que la distribution du fumier à la surface du sol ait été faite manuellement ou mécaniquement, c'est-à-dire à la fourche ou à l'épandeur, l'enfouissement est toujours effectué par un labour. La profondeur de celui-ci est d'environ 15 centimètres.

Pour éviter le bourrage, surtout lorsque l'engrais est pailleux, peu décomposé, on fait souvent précéder la charrue par un ouvrier muni d'une fourche : cet aide débarrasse la bande à retourner du fumier qu'elle porte, et jette celui-ci dans le fond de la raie. Dans le même but on peut utiliser : soit un enrayage qui travaille en avant du coutre, soit un enfouisseur de fumier qui fonctionne à l'arrière de la charrue.

PURIN

Dans les exploitations de petite étendue — dans celles du moins où le purin n'est pas perdu, comme c'est trop fréquemment le cas en France — on peut transporter et distribuer l'engrais liquide au moyen d'un vieux fût fixé sur une charrette.

Dans les exploitations de quelque importance, on emploie un tonneau à purin, spécialement construit pour cet usage, mais qui peut aussi servir pour les arrosages à l'eau.

Le *récipient* est en tôle, et de forme cylindrique. Sa

FIG. 37. — TONNEAU A PURIN.
p, la pompe de remplissage avec son balancier de manœuvre b et son tuyau d'aspiration t.
c, le clapet de distribution commandé du siège.

capacité est, pour les modèles courants, de 600 à 1.200 litres.

Il est assujetti horizontalement sur un *châssis* à deux roues, muni de limons d'attelage. Généralement il est disposé dans le sens de la longueur, dans le sens avant-arrière si l'on veut ; parfois cependant son axe est placé transversalement, ce qui réduit le clapotis du liquide à l'intérieur du tonneau.

La *pompe* est presque toujours une pompe ordinaire à boulets (afin d'éviter l'obstruction par les débris solides que contient toujours le purin).

Certains tonneaux se remplissent cependant par un système différent. Ils sont absolument étanches et l'on y fait le vide à l'aide d'une pompe à air pour y faire monter le liquide ; le purin ne traversant pas la pompe, l'engorgement de celle-ci est impossible. Le dispositif ainsi constitué est dit « tonneau pneumatique ».

Enfin, parfois, le récipient n'a pas de pompe qui lui soit attenante. On le remplit avec celle de la fosse à purin, une pompe foulante le plus souvent.

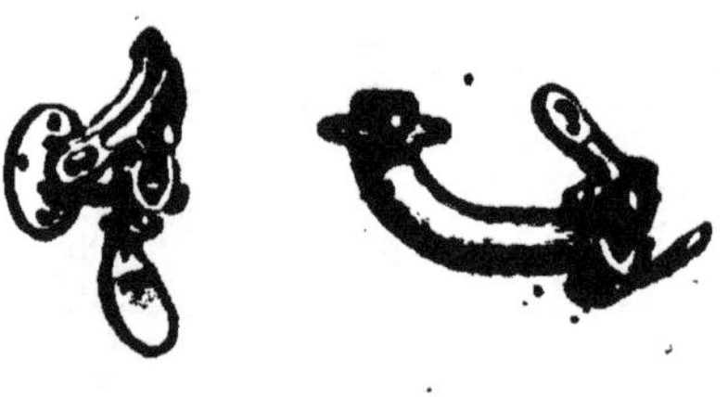

FIG. 38.

AJUTAGES POUR TONNEAU A PURIN.

L'ouverture peut être plus ou moins obturée par la vanne tournante. Le jet peut couler librement ou être étalé en nappe grâce à la palette d'épandage.

Le robinet épandeur est placé à la partie inférieure-arrière du récipient ; le jet qui en sort est brisé et épanoui en large nappe — soit au moyen d'une planche que l'on fixe au châssis du véhicule, — soit, mieux, par une palette *ad hoc* qui est accrochée au-dessous de l'ajutage.

ENGRAIS CHIMIQUES

Les engrais du commerce — et les amendements appliqués à faible dose comme la chaux ou le plâtre — peuvent être épandus à la main. C'est une opération souvent pénible à cause de la pulvérulance extrême, ou de la consistance cristalline, ou surtout de la causticité de certains de ces produits.

Aussi l'emploi des **distributeurs d'engrais** constitue-t-il un grand progrès. Il permet d'autre part une répartition plus uniforme, en même temps qu'un réglage meilleur des quantités appliquées.

Les distributeurs de taille courante travaillent sur une largeur de 1 m. 50 à 2 m. 50. Ils sont tirés par un seul cheval attelé en limons, et montés sur *deux roues*.

Les roues soutiennent les extrémités d'une longue caisse ou *coffre*, placée transversalement par rapport à la marche de l'appareil, et qui peut contenir une certaine quantité d'engrais.

Cette sorte de réserve permet de ne recharger le distributeur que de temps en temps; elle ne peut cependant être très considérable sans quoi la traction nécessaire serait trop élevée.

Les dimensions de la caisse sont d'ailleurs limitées par l'obligation où l'on est de placer son ouverture assez bas; il ne faut pas, en effet, que l'ouvrier ait à soulever à une trop grande hauteur — lors des remplissages — les lourds sacs qui contiennent l'engrais.

Au coffre est annexé le *mécanisme de distribution* qui est chargé d'en extraire le produit à épandre et de répartir celui-ci sur le sol, uniformément et à la dose convenable.

Ce mécanisme, très variable suivant les marques, est commandé par le mouvement de l'une des roues porteuses. C'est en modifiant les organes de transmission (par exemple en remplaçant un pignon par un autre plus petit ou plus grand) que l'on détermine le débit ; un tableau de réglage fourni avec chaque appareil sert de guide pour chaque nature d'engrais, mais il ne vaut que pour des conditions moyennes et ses indications ne doivent pas être considérées comme absolues. Un débrayage permet d'arrêter à volonté le fonctionnement du mécanisme de distribution.

FIG. 39. — ÉPANDEUR D'ENGRAIS (*type « à tablier sans fin »*). L'organe distributeur est nettoyé (et son action complétée) par le hérisson visible sur la figure.

Un bon appareil fonctionne régulièrement avec les diverses sortes d'engrais. Il ne les agglomère pas en mottes, ce qui serait une cause de mauvaise répartition et pourrait produire des ruptures de pièces. Il permet un épandage uniforme pour des doses très variées, depuis les plus fortes jusqu'aux plus réduites.

Enfin il est aisé à régler et facile à démonter en fin de campagne (pour le nettoyage) ; la simplicité du mécanisme est d'ailleurs une garantie contre les pannes : les dispositifs compliqués se détraquent plus fréquemment et obligent à posséder un lot plus important de pièces de rechange.

Les distributeurs d'engrais fonctionnent presque tous *à la volée*, c'est-à-dire qu'ils répartissent le produit sur la surface entière du champ.

Certains cependant l'épandent en *bandes*, tantôt continues, tantôt discontinues. Ils sont très peu employés, sauf pour certaines cultures arbustives, pour la vigne notamment.

L'engrais n'est appliqué directement *en profondeur* que par quelques appareils combinés : le distributeur, adjoint à un semoir de graines en lignes, est muni, comme lui, de tubes de descente et de coutres d'enterrage. L'intérêt problématique que présentent ces machines ne les fait que rarement utiliser.

Il existe enfin des **épandeurs à double fin** qui peuvent servir à volonté pour les graines ou pour les engrais.

Les uns ont l'aspect général des distributeurs que nous venons de décrire et épandent comme eux, sur une largeur égale à la longueur de leur caisse.

Les autres — dont le coffre est une sorte de trémie tronconique, et qui projettent le produit à épandre au moyen d'un disque horizontal tournant à grande vitesse — couvrent un train très supérieur à l'écartement de leurs roues, et variable d'ailleurs avec la semence ou l'engrais distribué. Notre figure 40 représente l'une de ces excellentes machines à multiple usage, dont nous parlerons de nouveau en étudiant les travaux d'ensemencement (semailles, page 89) et les façons d'entretien (distribution de produits caustiques pulvérulents pour la destruction des sanves et de diverses autres plantes adventices, page 114).

FIG. 40. — ÉPANDEUR A DISQUES.
Cet appareil permet, outre la distribution des engrais à la volée ou en bandes, l'épandage des semences à la volée et l'application de certains produits chimiques utilisés pour la défense des prairies et des cultures contre les mousses et certaines mauvaises herbes.

LIVRE III

ENSEMENCEMENT

(CHAPITRE VII)

Les travaux d'ensemencement sont de deux sortes:

les uns intéressent les graines, on les désigne plus spécialement sous le nom de *semailles*;

les autres intéressent les semences autres que les graines, ce sont les *plantations*.

LES SEMAILLES

Les semailles peuvent être exécutées suivant deux formes principales :

à la volée, les graines étant réparties à la surface du sol sans précaution spéciale, pour être ensuite enterrées par une opération distincte;

en lignes, les graines étant placées en profondeur suivant des directions parallèles; cette seconde forme se divise elle-même en trois variétés, suivant que les graines sont distribuées en lignes « continues », ou « interrompues », ou encore « en poquets », c'est-à-dire par groupe de quelques-unes.

Quel que soit le mode adopté, qui dépend de la plante cultivée et des façons d'entretien auxquelles elle sera soumise, les semailles peuvent être effectuées à la main ou à la machine.

SEMAILLES A LA MAIN

Semailles à la main à la volée.

La répartition des graines à la volée à la main est utilisée pour les semis en pépinière et aussi, en petite et moyenne culture, pour les semis en place.

En pépinière les semences d'une certaine grosseur sont distribuées à main nue; les graines de très petites dimensions sont préalablement mélangées de terre fine et sèche, puis répandues au tamis.

Le recouvrement s'obtient : dans le premier cas par un coup de rateau; dans le second cas en tamisant sur le semis une mince couche de terre que l'on tasse ensuite légèrement avec un petit rouleau ou, plus simplement, avec une planche ou le dos d'une bêche.

En place les semailles à la main exigent un ouvrier très habile pour que la répartition des graines soit uniforme.

L'ouvrier, marchant d'un pas régulier dans la direction perpendiculaire au vent, projette tous les deux pas une poignée ou une pincée plus ou moins forte de graine — selon la densité à obtenir et la grosseur de la semence. Il travaille de la main qui reçoit le vent, alternativement de la droite et de la gauche par conséquent, et lance la graine dans le fil du vent.

Pour donner plus d'uniformité au travail on croise en général les « trains » successifs : chacun d'eux revient sur les deux tiers du précédent et par suite sur un tiers de l'avant-dernier. Un même point est ainsi ensemencé en trois fois ce qui réduit les irrégularités (semis à trois jets) ; lorsqu'au contraire les trains successifs sont contigus (semis à un jet), ils ne le sont jamais parfaitement : tantôt ils se recouvrent en partie, tantôt ils laissent entre eux des zones clair semées — le champ est alors comme l'on dit « barré » : à la levée certaines bandes seront plus ou moins drues que les régions intermédiaires.

La semence à épandre est placée dans une poche de toile ou un récipient métallique que porte l'opérateur. La figure 41 représente un modèle très pratique formé : 1º d'un plastron dont les bretelles se règlent d'après la taille du semeur ; 2º d'une sorte de cuvette mobile qui adapte au plastron au moyen de deux crochets de suspension ; les deux parties sont en tôle galvanisée,

Fig. 41. — POCHE MÉTALLIQUE pour semailles à la volée à la main.

ce qui permet d'utiliser le « semoir » pour la distribution des engrais sans qu'il soit rapidement mis hors d'usage par corrosion; la contenance du récipient est de 20 ou 25 litres.

L'enterrage est effectué au moyen d'un roulage, d'un hersage ou d'un scarifiage. Le choix de la façon à employer et la détermination de son intensité (poids du rouleau, entrure de la herse, profondeur atteinte par le pulvériseur ou le cultivateur) dépendent de la nature et surtout des dimensions de la semence : plus celle-ci est petite, moindre doit être l'épaisseur de terre dont la recouvre l'opération qui suit le semis.

Semailles à la main en lignes.

En culture horticole, les semis en lignes s'effectuent après avoir « tracé » le terrain au moyen d'un **rayonneur**, sorte de rateau à 3 ou 4 dents épaisses.

Si les graines sont très fines, on les verse dans les petits sillons ainsi ouverts à l'aide d'une bouteille dont le bouchon est percé d'un étroit orifice. Si elles sont de taille moyenne, on les épand directement à la main. Si les semences sont volumineuses, elles doivent être placées assez profondément et souvent très espacées sur les lignes; celles-ci ne servent alors que de guide pour la bonne exécution du travail : l'ouvrier place les graines isolément ou par groupes (poquets) dans des trous qu'il pratique à distance régulière les uns des autres en se servant d'un plantoir — outil ainsi nommé parce qu'il sert surtout à la plantation des boutures et au repiquage.

Dans le dernier cas, le travail peut être rendu moins pénible et accéléré par l'usage d'une **canne-semoir** qui permet à l'opérateur d'enfouir les semences sans avoir à se baisser.

En culture en plein champ les semis en lignes effectués à la main sont surtout utilisés pour les graines volumineuses, telles que celles de maïs, de haricot, do pois, de fèves, de féverole, etc... On peut :

soit opérer comme ci-dessus après avoir tracé les lignes au rayonneur à cheval ou à la houe; les graines sont alors recouvertes à la herse;

soit employer ce qu'on appelle le semis « sous raie » procédé qui consiste à placer les semences au pied de la muraille, dans la jauge ouverte par une charrue (celle-ci les enterrera à son passage suivant.)

L'intervalle entre les rangs et l'espacement des plantes ou des touffes sur ceux-ci dépendent de l'espèce et de la variété cultivées.

SEMAILLES A LA MACHINE.

Les semailles mécaniques sont exécutées, soit à la volée, soit en lignes; mais les appareils quelles utilisent ne diffèrent pas d'une manière essentielle au moins pour les types les plus répandus à l'heure actuelle.

Le mécanisme distributeur est le même dans les deux cas; seulement :

alors qu'avec les *semoirs à la volée* les graines tombent simplement à la surface du sol,

au contraire, avec les *semoirs en lignes* elles sont conduites en profondeur par des tuyaux aboutissant en arrière d'organes d'enterrage, qui tracent des rayons parallèles.

Les semoirs à la volée font un travail rapide; ils ne nécessitent qu'un homme pour les conduire et qu'un cheval pour les tirer.

Par contre, si les graines sont plus également réparties en surface que dans les semailles à la main, elles
sont tout aussi irrégulièrement enfouies par la façon
d'enterrage ultérieure.

Les semoirs au rayon demandent deux et au mieux
trois personnes pour leur conduite et leur surveillance
et deux bêtes pour leur traction.

Mais les semences sont déposées :

1° *à une profondeur uniforme*, qu'il est facile de fixer
au chiffre le plus convenable pour que leur germination soit assurée dans les meilleures conditions, d'où :

une économie de grain, la proportion des grains qui
donnent une plante viable étant plus forte,

une levée plus régulière,

un tallage meilleur (pour les plantes qui en sont
susceptibles);

2° *en lignes parallèles*, ce qui a pour avantages :

de diminuer les risques de verse (pour les céréales);

de permettre l'exécution à la machine des façons
d'entretien.

Semoirs à la volée.

Les semoirs à la volée des modèles courants ont,
extérieurement, le même aspect d'ensemble que les
distributeurs d'engrais.

Comme eux, ils sont montés sur *deux roues* et munis
de *limons* d'attelage.

Les graines, placées dans un *coffre* transversal, en
sont extraites par un *mécanisme distributeur* qu'actionne un pignon calé sur le moyeu de l'une des roues
porteuses.

Le mécanisme varie avec les constructeurs. A cet

égard on peut distinguer les semoirs à orifices, les semoirs à cuillères, les semoirs à alvéoles, les semoirs à cannelures. (1)

Dans tous les types ci-dessus nommés, la semence tombe de la caisse ou y est puisée en certains points seulement, et non d'une manière uniforme sur toute la largeur du train. Si le coffre était voisin du sol, il en résulterait un épandage en bandes; mais la hauteur de chute provoque une certaine répartition que l'on complète d'ailleurs au moyen d'une planche garnie de clous ou de chevilles. En fait la semence est distribuée très également dans le sens transversal.

A côté de ces machines bien connues en France, il y a lieu de placer — comme étant également déplacés par traction animale — les **semoirs à disque** dans lesquels la graine tombant du système distributeur est reçue sur un plateau à rotation très rapide qui la projette par action centrifuge sur une largeur supérieure à la voie de l'appareil (fig. 40, p. 82).

Nous avons déjà cité ces semoirs à propos de l'épandage des engrais : ce sont en effet des appareils à emploi multiple qui peuvent encore servir à l'application des sels divers utilisés pour la destruction des sanves, des ravenelles et de quelques autres mauvaises herbes (p. 114).

En dehors de ceux dont le poids exige qu'ils soient tirés par un cheval, existent de très légers semoirs à coffre qui servent pour les graines de petite dimen-

---

(1) Il faut y ajouter certains distributeurs d'engrais à fond mouvant qui sont des appareils à double fin.

sion : graminées de prairies, trèfle, luzerne, minette et analogues.

Ils sont montés sur un châssis à une roue et destinés à être poussés à bras d'homme. Au besoin un aide peut s'atteler en avant de l'appareil par une bricole, afin de soulager l'ouvrier placé dans les brancards.

FIG. 42. — SEMOIR-BROUETTE.
pour semis à la volée.

Ces semoirs-brouettes, assez usités en Allemagne et en Angleterre, le sont, par contre, fort peu chez nous.

Signalons enfin le semoir à archet, porté à dos d'homme, qui est basé sur le même principe que les semoirs à disques, et avec lequel un manœuvre quelconque peut effectuer de meilleurs semis à la volée qu'un très habile semeur à la main.

Semoirs en lignes.

Nous avons dit que, dans les semoirs à la volée — et quel que soit le mécanisme de distribution — la graine n'est extraite du coffre qu'en certains points et doit être répartie en largeur par la planche d'épandage.

Dans les semoirs en lignes, au contraire, on évite la dispersion des semences en les conduisant jusqu'au niveau du sol au moyen de *tubes de descente.* Ces tubes aboutissent à des *organes d'enterrage,* improprement appelés socs, qui ouvrent les « rayons » à la profondeur et aux intervalles fixés par le conducteur. En général, la contiguïté des trains successifs est obtenue par l'emploi d'un *avant-train de direction* dont l'efficacité est assurée en attelant les animaux à des *chaînes* (et non à une flèche) et en fixant la traction au corps même du semoir (et non à l'avant-train qui doit être poussé par l'ensemble de la machine).

FIG. 43. — SEMOIR à RAYON *pour toutes graines.*

r, roue porteuse actionnant le mécanisme de distribution. — *s,* l'un des « socs » d'enterrage et son crochet *c* (recevant la surcharge qui assure une plus grande enterrure quand il est nécessaire (voir figure 44).

Les organes d'enterrage sont métalliques.

Chacun d'eux est formé d'une lame verticale prolongée à l'arrière par deux ailes légèrement divergentes entre lesquelles débouche le tuyau de descente. La graine tombe ainsi au fond d'un sillon très étroit qui se referme de lui-même en arrière du soc, et la recouvre de terre.

Dans les anciens semoirs au rayon, les socs étaient fixes par rapport au bâti pendant le travail; quelques modèles de ce genre sont encore en usage dans la petite culture. En règle générale, de nos jours, chaque soc est indépendant et monté sur un *levier* articulé, qui lui permet de se mouvoir dans le sens vertical pour suivre les petites dénivellations du sol et au besoin franchir les pierres et autres obstacles ; l'entrure (et par suite la profondeur du semis) est réglée au moyen de poids accrochés à l'arrière du levier, elle est bien entendu la même pour tous les socs.

FIG. 44. — SOCS D'ENTERRAGE.
de semoir en ligne.

Le levier portant chaque « soc » est articulé en *a* sur une traverse du bâti, et maintenu dans la direction convenable par un guide *g*. Pour assurer une entrure convenable des organes d'enterrage, on peut charger les leviers de masses de fonte pesantes *p*.

Noter les leviers alternativement courts et longs pour éviter le bourrage des socs.

L'écartement des socs (et par suite des lignes) se modifie en rapprochant ou en éloignant sur la traverse qui les porte les têtes des leviers ; le fabricant livre en même temps que le semoir une *planche graduée* qui facilite et rend rapide la mise en place des organes d'enterrage à la distance voulue les uns des autres. L'augmentation de l'intervalle entre les rayons, entraîne naturellement la réduction de leur nombre et en conséquence : 1º l'enlèvement d'un ou de plusieurs socs et des tuyaux de descente correpondants ; 2º la mise hors travail de certains éléments du mécanisme distributeur.

Pour éviter autant que possible le bourrage, qui peut se produire quand le lit de semence est encombré de débris végétaux et surtout lorsque les socs sont nombreux, ceux-ci sont disposés alternativement sur deux lignes transversales, « en zig-zag » si l'on veut ;

à cet effet les leviers sont les uns courts, les autres longs (fig. 43 et 44).

Un levier de relevage permet de soulever tous les organes d'enterrage en même temps, pour l'exécution des tournées en fin de train et les déplacements sur chemins. Ce levier arrête du même coup le fonctionnement du mécanisme distributeur.

Les tuyaux de descente qui aboutissent aux organes d'enterrage, doivent pouvoir se soumettre aux déplacements de ceux-ci — déplacements qui résultent : d'une part, du réglage de l'interligne (distance transversale des socs), d'autre part, des inégalités de la surface du sol (que doivent suivre les socs pour la constance de la profondeur du semis).

On a parfois employé des tubes de cuir ou de caoutchouc, mais leur durée est faible. On leur préfère, dans la construction actuelle, des tubes en métal; ceux-ci sont : — soit « télescopiques », c'est-à-dire formés d'éléments qui coulissent librement les uns dans les autres, — soit faits d'un ruban d'acier enroulé en spirale, à recouvrement.

Les semoirs simplifiés et les semoirs à voie étroite n'ont pas d'avant-train. On les dirige : — soit en agissant sur la limonière d'attelage, — soit, lorsque la traction se fait par chaîne, à l'aide de mancherons.

Toutefois, la direction n'est parfaitement assurée que par un avant-train à deux roues; aussi la plupart des semoirs actuels sont-ils ainsi montés. Il faut cependant remarquer que tous les avant-trains ne sont pas équivalents : les uns ont leurs roues moins écartées que celles qui portent le coffre, les autres ont une voie égale à celle du semoir lui-même; ces derniers doivent être préférés : ils facilitent beaucoup la conduite de la machine et évitent les erreurs qui, parfois avec les premiers, feraient repasser sur une partie du train précédemment ensemencé.

La conduite des semoirs en lignes par un levier placé à l'arrière, et commandant l'avant-train, économise un homme; mais on ne peut compter voir assurer, à la fois et d'une manière parfaite, par le même ouvrier, la direction de la machine d'une part et la surveillance des distributeurs d'autre part. Aussi faut-il, pour le bien-aller du travail, adopter la « conduite à l'avant » et employer trois personnes : l'une, qui peut être un enfant, menant l'attelage; l'autre placée à l'avant-train et le manœuvrant par la poignée ou le gouvernail *ad hoc* (*g*, fig. 43); la dernière, qui peut être une femme, veillant à la distribution.

Les machines que nous venons de décrire sont ce que l'on appelle parfois des semoirs pour toutes graines. Elles sont en effet employables — moyennant une modification légère du distributeur, ou même un simple réglage — pour toutes les semences d'emploi courant.

Leur train est en général compris entre 1 m. 50 et 2 m. 50. Le nombre de rangs ensemencés dépend naturellement de cette largeur et de l'interligne; celui-ci varie avec la plante cultivée (espèce et variété) et les soins que l'on se propose de lui donner par la suite; il peut s'élever pour les betteraves à plus de 40 centimètres et descend rarement au-dessous de 12 ou 10 centimètres.

Les semoirs pour grosses graines sont généralement à deux rangs; un cheval suffit pour les tirer.

Ils distribuent en poquets et peuvent servir non seulement pour les semences de grande dimension (haricot, pois, féverolle, maïs, etc...) mais encore pour les betteraves. La distance des groupes de graines sur le rangs et l'intervalle qui sépare ceux-ci peuvent être réglés dans de très larges limites suivant la plante semée et les nécessités culturales.

On peut également les disposer pour les semis en lignes continues.

Les semoirs sous raie s'adaptent à une charrue, soit en avant, soit en arrière du versoir; suivant le cas, ils versent la graine au pied de la bande qui va être retournée ou dans le sillon qui vient d'être ouvert. La distribution est actionnée par une des roues de la charrue ou par une roue, propre au semoir, qui roule sur le guéret.

Ces petits appareils peuvent rendre des services lorsque l'on est pressé par le temps, pour les cultures dérobées par exemple, ou lorsqu'on doit refaire un emblavement abîmé par les intempéries; mais on ne saurait conseiller leur emploi en culture normale (il en est de même d'ailleurs pour la pratique des semailles sous-raie à la main).

Outre les semoirs au rayon à traction animale, il en existe qui sont destinés à être déplacés par la force de l'homme; on les désigne sous le nom de **semoirs à bras**.

Les uns ne sont, somme toute, que des réductions des semoirs à toutes graines, ci-dessus décrits, et sèment, comme eux, plusieurs lignes à la fois; ils ont le même système de distribution par alvéoles ou cancelures, les mêmes tubes de descente souples, les mêmes socs d'enterrage. Ils sont montés en brouette, mènent 0 m. 50 ou 1 mètre et exigent 2 ou 3 ouvriers. Leur emploi ne s'est pas répandu en France.

Les autres se rapprochent plutôt des semoirs à grosses graines. Ils n'ensemencent qu'un rang par passage, généralement en poquets. Ce sont surtout des instruments de culture maraîchère, mais on les utilise parfois en culture de plein champ pour remplacer les manques sur les lignes (page 113).

LES PLANTATIONS

Le terme plantation s'applique quand les semences confiées au sol ne sont pas des graines, mais des tubercules ou des boutures; il s'étend aussi au repiquage des plantes issues de pépinière.

Nous ne dirons que quelques mots des plantations en *culture arbustive*.

Les boutures sont placées au plantoir, au pal, ou à l'aide d'instruments analogues.

Des trous plus larges sont nécessaires pour les plantes pourvues de racines, afin que celles-ci ne soient pas rebroussées mais puissent être, au contraire, étalées dans leur position naturelle. Ils sont creusés le plus souvent à la bêche, toutefois l'emploi d'une tarière est commode pour établir des trous profonds sans leur donner un diamètre plus considérable que celui qui est strictement nécessaire.

Lorsque la plantation doit être serrée, par exemple pour l'établissement d'une haie (1), il est avantageux d'ouvrir un fossé sur l'emplacement de la ligne.

Dans les *cultures ordinaires*, la plantation s'adresse :
soit à des plants résultant d'un semis antérieur (chou, colza, tabac, betterave, etc.).
soit à des tubercules provenant de la récolte précédente (pomme de terre, topinambour, etc.).

REPIQUAGE DES PLANTS

Des machines spéciales assez compliquées ont été imaginées pour l'exécution du repiquage. Elles ne sont pas utilisées en France,
Chez nous l'opération s'effectue — soit entièrement à la main, — soit avec l'aide d'une charrue.

Le *repiquage manuel* est rarement employé en grande culture, hormis le cas où les pieds doivent être très espacés.
Il est, au contraire, la règle pour les aires peu étendues, c'est-à-dire — d'une part en petite culture, — d'autre part quand, au lieu de repiquer en place définitivement, on place les plants dans une « pépinière d'attente» (pour le chou par exemple). L'outil employé est le plantoir double ou simple, la bêche ou la houe.

Le *repiquage à la charrue*, rapide et économique, est employé notamment dans la culture du colza.

-----

(1) Voir : L'AMÉNAGEMENT DE LA FERME, chapitre X : *Les Clôtures*, page 226.

Deux bandes de terre étant versées l'une contre l'autre, les plants sont disposés sur les flancs de l'ados ainsi formé. Un nouveau passage de charrue les recouvre jusqu'à un point qui dépend de la manière dont on les a disposés; des ouvriers surveillent d'ailleurs cette seconde partie du travail de la machine et redressent les pieds trop enfoncés.

PLANTATION DES TUBERCULES

Les méthodes d'ensemencement de la pomme de terre et des cultures analogues sont très nombreuses.

Dans un premier procédé, le champ est tout d'abord tracé dans deux directions perpendiculaires à l'aide d un rayonneur; les points de croisement indiqueront aux ouvriers les endroits où doivent être enfouis les tubercules, — généralement à 40 ou 50 centimètres les uns des autres, sur es lignes écartées de 50 ou 60 centimètres.

La mise en place des semences se fait ensuite :

soit à la main, après un coup de bêche ou de houe donné au point convenable et à la profondeur voulue;

soit à la canne-plantoir, qui accélère beaucoup le travail, l'ouvrier n'ayant pas à se baisser.

On peut également ensemencer sous-raie, comme nous l'avons dit pour les grosses graines.

Les tubercules sont déposés tous les deuxièmes ou troisièmes sillons et à une distance aussi régulière que possible dans chacun d'eux. Ceci s'obtient généralement à vue d'œil (plus exactement les femmes chargées du travail règlent leur pas comme il convient), mais on peut aussi avoir rayonné à l'avance dans la direction perpendiculaire à celle suivie par la charrue.

Une très bonne manière de faire emploie le **butteur** ou **charrue butteuse** (fig. 18, page 36).

Après avoir tracé la pièce, on ouvre le long des lignes, des raies profondes d'une douzaine de centimètres. Quelques jours après, les pommes de terre (ou les fragments servant de semence) sont placées dans les sillons; puis un autre coup de buttoir, interlinéaire cette fois, les recouvre de terre. La surface est plus tard régularisée par un hersage.

Enfin, des machines diverses à traction animale permettent la plantation des tubercules à une profondeur et à un écartement uniformes. Elles rendent le travail plus rapide et réduisent la main-d'œuvre nécessaire. Ce sont les **plantoirs**, parfois aussi appelés **planteuses**.

Les *organes d'enterrage* consistent : 1° en un corps de buttoir qui ouvre un rayon de profondeur régiable au fond duquel tombent les semences; 2° en deux versoirs travaillant l'un vers l'autre, à droite et à gauche du sillon tracé par la première pièce, et qui recouvrent les semences immédiatement après leur chute.

Le *mécanisme de distribution* est très variable :

tantôt il prend lui-même, un à un, les tubercules dans un coffre porté par le bâti de la machine; celle-ci est alors entièrement automatique et ne demande qu'un homme pour sa conduite, mais elle exige des produits de forme et de grosseur régulières — ce qui ne permet pas de l'employer pour les topinambours et nécessite un triage des pommes de terre;

tantôt, au contraire, le système distributeur est indépendant de la caisse à semences et doit être complété par un gamin qui garnit à la main ses alvéoles ou ses godets (fig. 45)

Les plantoirs de ce dernier type, bien que seulement semi-automatiques, doivent être préférés à

FIG. 45.
PLANTEUSE DE POMMES DE TERRE.

ceux du premier; ils fonctionnent avec tous les tubercules quelles qu'en soient la nature, la conformation et la taille, et sans jamais les blesser; ils sont d'ailleurs les seuls répandus en France.

On les dirige — soit de l'arrière à l'aide de mancherons, — soit, mieux, au moyen d'un *avant-train* mobile, analogue à celui des semoirs en lignes. La machine représentée peut être conduite de l'une ou l'autre façon.

LIVRE IV

ENTRETIEN DES CULTURES

(CHAPITRE VIII)

Pendant la période qui suit l'ensemencement (semailles ou plantation) et précède la récolte (cueillette, moisson ou arrachage), le cultivateur ne se contente pas de regarder croître ses récoltes et de se la-
menter ou de se réjouir selon que leur aspect est chétif
ou prometteur. Au lieu de se cantonner dans cette
attitude passive, il intervient — d'une manière plus
ou moins active et plus ou moins prolongée, suivant
les cas — pour favoriser directement et indirectement
le développement des plantes.

Les prairies et les arbres fruitiers sont également
l'objet de soins propres à accroître leur rendement en
quantité et en qualité.

Ces travaux d'entretien sont — on le conçoit si on
l'ignore — d'une extrême variété.

Les étudier tous serait faire œuvre de technique agricole, ce qui n'est pas le but de cet ouvrage. Beaucoup d'ailleurs s'appliquent seulement à quelques cultures assez peu importantes, au moins par leur étendue dans chaque exploitation sinon par les surfaces qu'elles occupent dans l'ensemble du pays.

Aussi — laissant également de côté les façons qui utilisent des instruments déjà examinés dans les chapitres précédents — ne passerons-nous en revue que les principaux de ces travaux d'entretien, c'est-à-dire:

1° ceux qui s'appliquent à de nombreuses cultures différentes : *binage et sarclage, épandage de produits chimiques;*

2° ceux qui s'appliquent régulièrement ou très fréquemment aux cultures les plus importantes : *éclaircissage* des betteraves, *écimage* des céréales.

SARCLAGE ET BINAGE

En principe, le sarclage et le binage sont deux opérat'ons distinctes, ayant pour but : — la première, de détruire les plantes adventices, — la seconde, d'ameublir la partie superficielle du sol pour réduire les déperditions d'humidité par évaporation.

En fait, une récolte n'étant presque jamais exempte de mauvaises herbes, le binage a aussi pour effet de les extirper et constitue, par suite, le plus souvent, une façon mixte.

SARCLAGES

Les sarclages proprement dits sont effectués à bras d'homme.

Suivant le cas, ils se font (fig. 47, C, S, *d·S*) :

par arrachage à la main, procédé fort lent que l'on est contraint d'employer quand la plante à sarcler est délicate ou déjà très développée, mais que l'on utilise parfois aussi en toute circonstances dans la culture maraîchère; on peut user d'un **sarcloir**;

à l'aide de la **serfouette**;

ou enfin (lorsque l'on s'adresse à des plantes vivaces dont la racine pénètre profondément dans le sol) au moyen de l'**échardonnoir** : celui-ci consiste en une petite lame métallique tranchante, fixée à l'extrémité d'un manche de bois, et avec laquelle on coupe entre deux terres les pivots des mauvaises herbes à détruire.

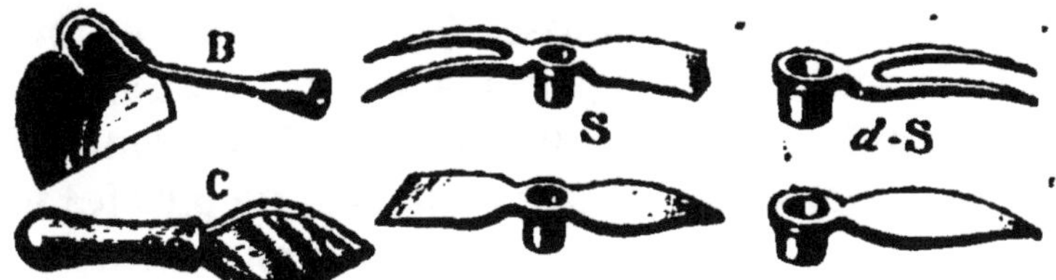

FIG. 46 ET 47. — OUTILS DE BINAGE ET DE SARCLAGE.
B, binette.
C, couteau à sarcler ou *sarcloir*.
S, serfouettes ; — *d·S*, demi-serfouettes.

BINAGES

L'exécution des binages fait intervenir :
soit des outils maniés à bras,
soit des instruments poussés ou tirés par un homme ou par un attelage.

Binage à bras.

Le binage à bras est, naturellement, de beaucoup

le moins expéditif et le plus onéreux; par contre il est aussi le plus parfait. Il permet d'approcher très près des plantes cultivées et, dans les cultures au rayon, de travailler sur les lignes — ce qui est impossible avec les instruments attelés —; il est le seul applicable aux semis à la volée.

Les outils employés sont :

la houe à bras, à fer plein ou divisé en deux dents *(croc)*, dont nous avons parlé à propos des labours,

et la binette qui n'est, en réalité, qu'une houe à bras légère (ou une petite bêche) à fer plein (fig. 46).

Binage à la machine.

Les instruments poussés (ou tirés) par un ouvrier et les machines tirées par un attelage font une besogne plus rapide et moins coûteuse, mais ils ne sont utilisables que dans les cultures en lignes; de plus les uns et les autres ne binent qu'une partie de la surface du champ : si l'on veut parfaire la façon, il faut la compléter par un travail à la houe à bras ou à la binette.

Fig. 48. — POUSSETTE.
La partie intéressante (roulette-support et pièces travaillantes) est seule représentée.
Les deux mancherons sont entretoisés près des poignées qui les terminent.

Les bineuses mues par la *force de l'homme* ont leur place marquée dans les exploitations maraîchères et en petite culture.

La plupart ne travaillent qu'un rang à la fois; le nom de **poussettes** qu'on leur donne habituellement suffit pour en indiquer le mode d'emploi; elles se font à une ou deux roues de support.

D'autres binent simultanément plusieurs interlignes : l'ouvrier, marchant à reculons, les tire par l'intermédiaire d'une corde ou d'une chaîne fixée d'une part à une large ceinture dont il s'entoure la taille et de l'autre à la traverse qui porte les pièces travaillantes.

Ces dernières — aussi bien d'ailleurs dans les poussettes que dans les instruments à traction rétrograde — sont de formes variées que nous indiquerons en parlant des houes à cheval. Elles sont amovibles et l'on emploie pour chaque travail celles qui sont le mieux adaptées au but que l'on poursuit.

Les bineuses à *traction animale* répondent à deux types bien différents : les unes sont les houes à un rang, les autres les houes à plusieurs rangs, souvent appelées houes multiples.

Les houes à un rang sont surtout destinées au binage des cultures à grand écartement; comme leur nom l'indique elles ne traitent qu'un interligne par passage. Un seul cheval suffit à les tirer et un homme à les conduire.

Leur bâti est soutenu à l'avant par une roue réglable en hauteur, qui permet de faire varier la profondeur atteinte. Il porte à l'arrière deux mancherons qui servent à diriger l'appareil et à maintenir l'entrure convenable.

Parfois le bâti est fait de pièces reliées rigidement entre elles, comme l'est un cadre de scarificateur; les organes bineurs peuvent alors être écartés plus ou moins les uns des autres par coulissement sur les traverses, mais la largeur totale travaillée ne peut être changée — de sorte que la houe est d'un emploi peu commode. — Aussi le châssis est-il presque toujours, articulé dans le sens horizontal afin que l'on puisse cultiver des plantes diversement interlignées avec la même machine; dans les modèles courants de ces « houes à expansion », la largeur du train peut varier entre 25 et 90 centimètres : tantôt ce réglage nécessite un assez long arrêt du travail, tantôt il se fait par l'action d'un levier et peut s'effectuer instantanément (fig. 49).

FIG. 49. — HOUE A UN RANG.

l est le levier de terrage réglant la profondeur par son action sur la roulette-support. — *e* est le levier d'expansion il sert à faire varier le train mené par la houe ce qui permet de travailler en entier des interlignes de largeurs diverses. — *m* sont les mancherons de direction.

Les houes multiples travaillent à la fois plusieurs interlignes. Elles sont montées de manière sensi-

FIG. 50. — HOUE MULTIPLE à un cheval.

Les pièces travaillantes sont des « rasettes » passant contre les rangs et des « pattes d'oie » passant au milieu des interlignes.

blement différente suivant le train qu'elles mènent.

Quand la machine travaille une largeur relativement réduite — trois ou quatre rangs de betteraves, ou l'équivalent — (fig. 50) la bête qui la tire est attelée à un train de deux roues. Le châssis qui porte les pièces travaillantes est articulé sur l'essieu de ce support par les extrémités antérieures de ses longerons; il peut être déplacé dans le sens latéral et dans le sens vertical au moyen de deux mancherons qui en sont solidaires et que manœuvre le conducteur : le premier mouvement sert à corriger les écarts inévitables du cheval et à éviter que les lignes de plantes soient abîmées, le second permet le déterrage aux extrémités du champ et également la mise en position de transport.

Fig. 51. — Houe multiple à grand travail.

g est le gouvernail de l'avant-train servant à la direction. — p est le levier de relevage.

Les pièces travaillantes sont des « rasettes » r passant contre les rangs et des « pics » passant au milieu des interlignes.

Lorsque la largeur du train dépasse 1 m. 60 ou 1 m. 80, les dispositions précédentes ne permettraient pas de remédier toujours assez tôt aux déviations de l'attelage; aussi les houes à grand travail sont elles agencées autrement. Tout d'abord les mouvements latéraux du support sont atténués en munissant la machine d'un avant-train identique à celui des semoirs au rayon; en outre la manœuvre du porte-socs est facilitée par l'emploi d'une commande spéciale (mancherons pivotant autour d'un axe horizontal et agissant par l'intermédiaire d'engrenages convenables).

Dans une exploitation donnée la dimension transversale de la houe à plusieurs rangs ne saurait être quelconque par rapport à cel e du semoir : il est absolument essentiel qu'elle lui soit égale (houe à grand travail) ou qu'elle en soit la moitié ou le tiers (houe de faible largeur); s'il n'en était ainsi la houe chevaucherait à certains passages sur deux trains successifs de semoir et, ceux-ci n'étant jamais exactement parallèles, les plantes seraient détruites sur de longues parties de rangs. Pour la même raison il importe que le binage soit toujours commencé au début d'un train de semaille.

Pièces travaillantes des houes.

Les pièces destinées à être adaptées aux houes sont de nature extrêmement variées. Les unes sont employées pour les façons qui font l'objet de ce sous-chapitre, le *binage* et le *sarclage*; les autres permettent d'utiliser le même bâti pour d'autres soins d'entretien, comme le *buttage,* ou pour certains travaux préparatoires à l'ensemencement, le *rayonnage* par exemple.

Parmi les outils bineurs et sarcleurs on en trouve

d'abord qui sont plus ou moins étroits et ressemblent à des dents de herse, de scarificateur ou de cultivateur : ils servent surtout à l'ameublissement des terres durcies ou dans les cultures à rangs serrés — dans les céréales notamment.

Puis il en est qui sont analogues comme forme et comme mode d'action à des socs d'extirpateur : ils travaillent principalement dans le sens horizontal, entre deux terres, et coupent les racines des mauvaises plantes.

Enfin les derniers sont des organes particuliers aux houes. Ces « rasettes » (fig. 52) sont formées d'une lame verticale prolongée en équerre, vers la droite ou vers la gauche, par une sorte de couteau qui agit horizontalement à la manière d'une pièce d'extirpateur. L'intérêt de cette forme spéciale apparaît immédiatement : elle permet de passer sans inquiétude assez près des rayons (fig. 50 et 51), la plaque verticale servant de guide et la partie active s'étendant uniquement du côté de l'interligne.

Fig. 52. — Rasette de houe.

Au lieu d'être fixées rigidement sur le bâti de la houe, les pièces travaillantes sont ici montées sur leviers articulés, comme le sont les « socs » d'enterrage des semoirs.

Les corps servant au buttage sont : — soit des butteurs, de taille plus ou moins considérable suivant la plante à traiter, qui travaillent au milieu des intervalles, — soit des versoirs qui passent contre les rangs.

Les premiers sont utilisés pour les pommes de terre, les betteraves, etc.

Les seconds constituent les pièces les plus latérales des houes à un rang qui servent à cultiver surtout les plantations à grand écartement, les vignobles notamment : suivant que l'on place le versoir droit à droite et le versoir gauche à gauche (fig. 49) ou que l'on adopte la disposition inverse, la machine chausse ou déchausse les ceps.

Le rayonnage, qui souvent précède une plantation ou un semis en lignes exécuté manuellement, peut être effectué à la houe : celle-ci est alors munie de « socs rayonneurs »; ces organes sont de petits corps butteurs dont les oreilles sont peu étendues vers l'arrière.

En traçant dans deux directions, d'abord en long, puis obliquement, et en plaçant lors de l'ensemencement les tubercules ou les graines aux points d'intersection des rayons, on se réserve pour plus tard la possibilité de biner à la machine en croisant les opérations successives.

ESSANVAGE. — ECIMAGE

La destruction de la moutarde des champs (sanve) et de la ravenelle peut s'opérer mécaniquement, au printemps, à la faveur de leur développement plus rapide que celui des céréales : on sectionne les sommités de ces plantes adventices qui dépassent le niveau de la culture.

L'opération s'effectue de préférence au commencement de la floraison, mais peut être renouvelée. Elle utilise des machines, appelées « essanveuses », qui répondent à deux types différents.

Les unes — dites **essanveuses à scie** — ont le même principe que les faucheuses, mais la barre coupeuse est portée sur un bâti différent et peut être élevée jusqu'à 50 cm. au-dessus du sol, pour les traitements tardifs.

Les autres sont les **essanveuses rotatives**: elles fonctionnent à la manière des tondeuses à gazon, c'est-à-dire qu'elles coupent les tiges des mauvaises herbes au moyen de lames (ou même de simples fils) métalliques qui garnissent la périphérie d'un moulinet; celui-ci tourne rapidement autour de son axe horizontal qui est placé transversalement par rapport à la marche de l'appareil.

Lorsque le blé se présente sous un aspect trop luxuriant, il y a lieu de craindre que la verse survienne à la maturité : on l'écime alors, c'est-à-dire que l'on coupe la partie supérieure des tiges et des feuilles.

Cette pratique, connue depuis très longtemps, emploie actuellement les **écimeuses** (qui ne sont autres que les instruments dénommés ci-dessus essanveuses à scie) et quelquefois encore la faux ou la faucille maniées à bras. L'écimage par un troupeau de moutons que l'on fait passer rapidement sur le champ n'est plus que rarement utilisé.

Le même terme d'écimage désigne une opération analogue, mais dont le but est autre, à laquelle on se livre sur la fève, le maïs, le tabac, etc... Ce travail est exécuté à la main; il en est de même pour l'épamprement, l'ébourgeonnage, le pincement et les soins d'entretien similaires dont sont l'objet diverses plantes.

ECLAIRCISSAGE

Dans beaucoup de cultures. le semis donne trop de plantes pour que le développement de celles-ci puisse se faire comme il faut : l'éclaircissage a pour but d'enlever les pieds en excès et de ne garder en terre que le nombre d'individus reconnu le plus favorable au rendement.

Le plus souvent l'éclaircissage ne fait intervenir aucune machine attelée. Dans les semis à la volée, il s'effectue en une seule fois. Dans les cultures en lignes, au contraire, il comporte fréquemment deux temps successifs, le *plaçage* et le *démariage* proprement dit : dans le premier temps toutes les plantes, à l'exception de petits groupes également espacés sur les rangs, sont supprimées à la binette ou à la houe à bras; dans le second temps, les pieds respectés lors du plaçage sont arrachés à la main, sauf un par touffe (en principe le plus beau).

Les difficultés de recrutement du personnel nécessaires et les salaires très élevés qu'exigent les ouvriers, ont conduit à chercher des procédés mécaniques permettant de réaliser cette façon, au moins en partie. On a construit plusieurs modèles de démarieuses, mais elle ne se sont pas répandues, au moins en France : leur travail doit d'ailleurs toujours être complété manuellement. Nos agriculteurs du Nord réalisent une économie notable de main-d'œuvre — tout en se dispensant d'acheter une machine spéciale —

par l'emploi de la houe multiple pour le plaçage des betteraves (principale culture intéressée par ces travaux) : seul le démariage proprement dit est fait à la main.

On profite de l'éclaircissage pour combler les vides résultant de causes diverses (mauvais fonctionnement du semoir lors de l'ensemencement, destruction de plants par les insectes, etc...).

Ce remplacement des manques se fait :

soit en repiquant des pieds provenant du démariage, ou préparés à cet effet dans une pépinière;

soit en semant des graines d'une variété ou au besoin d'une espèce différente et plus précoce.

DISTRIBUTION DE PRODUITS CHIMIQUES

L'entretien des récoltes en terre utilise les produits chimiques dans deux buts principaux :

les uns sont en effet destinés à enrichir le sol en éléments fertilisants, ce sont les engrais donnés comme l'on dit « en couverture »;

les autres ont pour rôle essentiel, et souvent même unique, de défendre la culture contre les maladies cryptogamiques ou les insectes, ou de l'aider indirectement en détruisant certaines mauvaises herbes.

Nous ne reviendrons pas sur la distribution des engrais qui a fait l'objet de l'avant-dernier chapitre (1). Plusieurs produits solides employés dans la lutte con-

______

(1) P. 74.

tre les plantes adventices sont appliquées de la même
manière : tel est le cas du sulfate de fer en neige dont
on se sert pour faire disparaître les sanves qui infes-
tent les champs de céréales et les mousses qui envahis-
sent les vieilles prairies.

Les composés employés sous forme liquide (solutions, « bouillies » diverses, émulsions) sont distribuées à l'aide de pulvé-
risateurs.

FIG. 53. — PULVÉRISATEUR.
O, ouverture de remplissage; l, levier de la pompe de projection; r,
robinet; l, jet terminant la lance.

Suivant leur capacité
ces machines sont por-
tées par des hommes —
à dos (fig. 53 et 54), ou
sur civière — ou par des
animaux bâtés, ou mon-
tées sur un train de deux
roues qui les transforme
en véhicules traînables
par un cheval.

La projection du produit est obtenue — soit par une
pompe attenante au pulvérisateur et actionnée pendant le travail, — soit par la détente d'une masse
d'air préalablement comprimée au-dessus du liquide
lors du chargement de l'appareil (systèmes à pompe
indépendante).

Les substances pulvérulentes très fines, comme le
soufre servant à la prévention de l'oïdium de la vigne,
sont répandues sur les organes végétatifs à protéger,
grâce aux poudreuses.

Les plus simples de celles-ci, d'usage horticole seulement, sont les soufflets bien connus. En grande cul-

ture, dans les vignobles par exemple, on a recours aux soufreuses à dos ou même à des appareils utilisant la

Fig. 51. — *Traitement de la vigne par une équipe d'ouvriers armés de PULVÉRISATEURS.*

force d'un animal (poudreuses à bât ou à traction); dans ces dernières machines, le courant d'air qui traîne la matière à distribuer est fourni par un ventilateur rotatif.

LIVRE V

RÉCOLTE

(CH. IX, X ET XI.)

———

La cueillette des épis de maïs, des feuilles de tabac,
des cônes de houblon et des fruits d'arbres ou d'ar-
bustes, l'arrachage du lin, du chanvre, de la cameline
et de l'œillette sont des opérations purement (ou presque purement) manuelles. Nous ne nous en occupe-
rons pas et étudierons seulement des travaux de
récolte qui — bien que s'exécutant encore souvent à
bras d'homme — sont susceptibles d'être effectués à la
machine.

Ces travaux sont :
la coupe et le fanage des *fourrages*,
la coupe et le liage des *céréales*,
l'arrachage des *tubercules* et des *racines*.

CHAPITRE IX

RÉCOLTE DES FOURRAGES

Les prairies artificielles et les prés fauchés sont exploités en pleine végétation, la plupart du temps à la floraison, c'est-à-dire à une époque où les plantes sont très riches en eau.

Pour la partie du fourrage qui est destiné à être donnée « en vert » aux animaux, les travaux de récolte se réduisent à la *coupe*, c'est-à-dire à la section des tiges au voisinage du sol.

Pour le reste — qui ne sera consommé que plus tard, ou qui sera vendu au dehors — la coupe est en général suivie d'une dessication propice à la conservation du produit ; cette dessication, qui transforme le fourrage vert en « foin », s'effectue à l'air libre, sur la prairie même ; elle nécessite de la part du cultivateur une intervention très active qui constitue l'opération appelée *fanage*.

COUPE

La coupe des fourrages se fait :

soit à bras d'homme à l'aide de la *faux*,

soit au moyen de machines à traction animale que l'on nomme *faucheuses*.

FAUCHAGE A BRAS

La faucille, dont nous parlerons à propos de la récolte des céréales (p. 110), n'est employée que lorsque les quantités de fourrage à prélever sont très faibles, pour l'alimentation des animaux de basse-cour par exemple.

La faux se compose d'une partie active, ou lame, et d'un manche qui permet de la manier facilement.

La *lame* est en tôle d'acier. Ses dimensions sont variables suivant les régions ; en moyenne, sa longueur est de 80 centimètres et sa largeur médiane de 7 ou 8. Elle est presque toujours courbe ; son bord convexe est garni d'une nervure qui la rend rigide ; son bord concave est tranchant : c'est lui qui, se déplaçant parallèlement au sol, coupe les tiges des plantes à récolter. Une « queue » permet d'adapter la lame au manche.

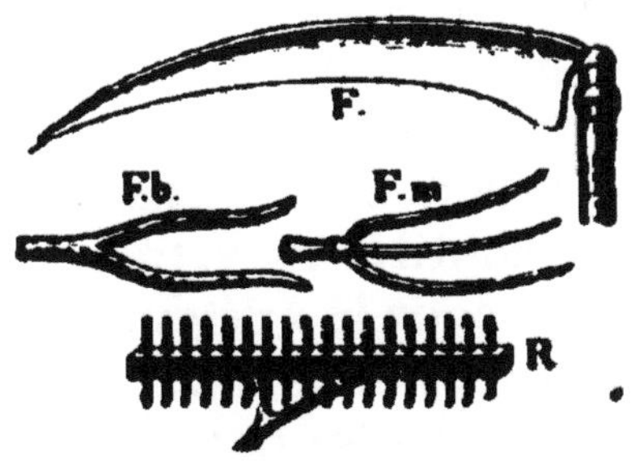

FIG. 55 ET 56. — OUTILS DE COUPE ET DE FANAGE *pour la récolte des fourrages.*

F. faux.
F. b. fourche en bois
F. m. fourche en métal.
R. rateau en bois.
Voir la faucille fig. 70, p. 110.

Le *manche* est en bois. Sa longueur est en général de 1 m. 70 ou 1 m. 80. Il est rectiligne ou légèrement incurvé. L'une de ses extrémités porte une douille où la queue de la lame est assujettie dans la position convenable au moyen d'un coin. La faux est manœuvrée à l'aide des deux mains : l'une tient le manche lui-même, l'autre saisit une poignée que l'ouvrier place à la hauteur qui lui est le plus commode, étant donnée sa taille; à cet effet cette poignée est mobile et se fixe par douille et coin.

La faux coupe plus ras que la machine et peut servir sur un sol valloné et même bosselé. Par contre son travail est très lent; un temps très appréciable (qu'il faut estimer environ au 1/4 de celui consacré au fauchage effectif) est employé au battage et à l'aiguisage de la lame.

La coupe à bras des fourrages n'a sa place qu'en très petite culture ou dans les prairies fauchées impraticables aux machines. Elle n'est employée, en dehors de ces deux cas, que pour la récolte de faibles quantités de verdure à consommer immédiatement, et pour le « détourage » des parcelles qui seront ensuite livrées à la faucheuse; ce détourage consiste à faucher les bords d'une prairie afin que l'attelage de la faucheuse n'en foule pas le fourrage au premier tour.

(A propos du fauchage à bras on peut citer les tondeuses à gazon. Ces petits appareils — horticoles plutôt qu'agricoles — servent à l'entretien des pelouses; pour cet usage ils remplacent avantageusement la faux dont le maniement convenable demande quelque habitude.)

Fauchage a la Machine

Une faucheuse se compose assentiellement d'une *barre coupeuse* dont l'organe actif est commandé par l'essieu des *deux roues* porteuses; le *bâti* de la machine reçoit à l'avant un *timon* d'attelage et à l'arrière un *siège* pour le conducteur, à portée de celui-ci se trouvent des *leviers* servant à manœuvrer la barre de coupe pendant le travail.

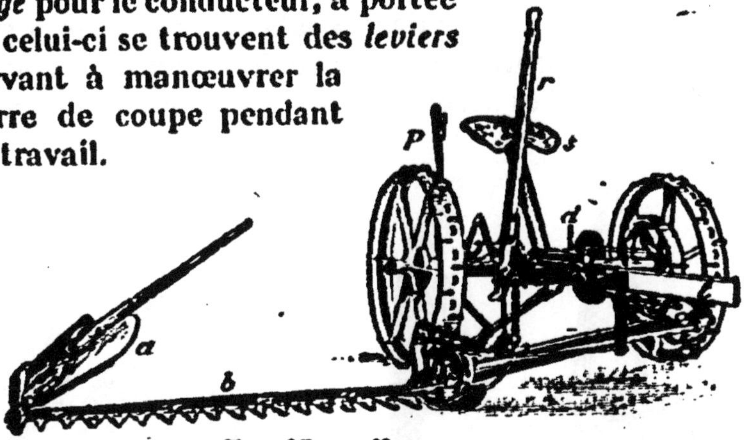

FIG. 57. — FAUCHEUSE.

t est le timon d'attelage. — *s*, est le siège du conducteur, à proximité duquel se trouvent les leviers de commande (*p*, levier de pointage; *r*, levier de relevage) et la manette de débrayage, *d*.

La barre de coupe *b* est soutenue à ses extrémités par les sabots séparateurs.

La bielle, qui transmet à la scie le mouvement des roues, est visible en avant de celles-ci. *a* est la planche à andain.

Dans les faucheuses actuelles, la barre coupeuse travaille en dehors de la voie des roues, presque toujours à droite. Elle est faite de deux parties : l'une mobile, qui est la scie; l'autre destinée à soutenir et à guider la première, et que l'on nomme porte-lame.

FIG. 58. — BARRE DE COUPE.

p est le porte-lame sur lequel sont fixés les doigts *d*. — La lame ou « scie » (formée de sections *s* rivées sur une tringle métallique) oscille de droite à gauche et de gauche à droite, guidée par les pièces *g*.

La *scie* est formée de « sections », sortes de dents triangulaires aiguisées sur deux de leurs côtés et rivées par le troisième à la suite les unes des autres sur une tringle en acier. Celle-ci est terminée par un bouton auquel s'articule l'extrémité d'une bielle qui donne à la lame un mouvement rapide de va-et-vient.

Le *porte-lame* est une pièce métallique rigide reposant sur le sol par deux « sabots séparateurs » placés à ses extrémités, et qui porte à son bord antérieur les « doigts ». Ces derniers organes, en nombre égal à celui

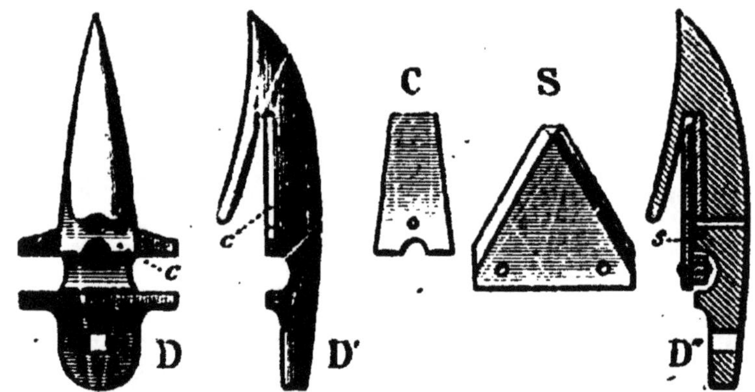

FIG. 59.— SECTION de scie et DOIGT de porte-lame.

D, D', doigt vu de dessus et de côté. — c la contre-plaque, représentée isolément en C.
D" coupe selon le plan axial d'un doigt montrant la position de la scie et comment les sections s sont rivées sur la tringle. — S, une section.

des éléments de la scie, sont entaillés horizontalement pour le passage des dites sections; la partie inférieure de l'entaille de chaque doigt est garnie d'une «contre-plaque» biseautée sur les bords qui — lorsque la faucheuse fonctionne — fait en quelque sorte ciseaux avec l'une des dents de la lame. En dehors de ce rôle dans la coupe même du fourrage, le porte-lame détermine la hauteur d'action de la scie; à cet effet les sabots sont réglables, ils doivent naturellement être fixés de telle sorte que les deux bouts du porte-lame soient à la même distance au-dessus du sol.

La barre coupeuse n'est pas fixée invariablement au bâti de la machine; elle lui est suspendue par des articulations (que nous ne pouvons décrire en détail ici) qui lui permettent : 1° de se mouvoir dans le sens vertical par rapport à l'ensemble de la machine, pour suivre les dénivellations du sol; 2° d'obéir aux leviers de manœuvre.

La longueur de la barre de coupe, qui détermine la largeur du train, est généralement de 1m30.

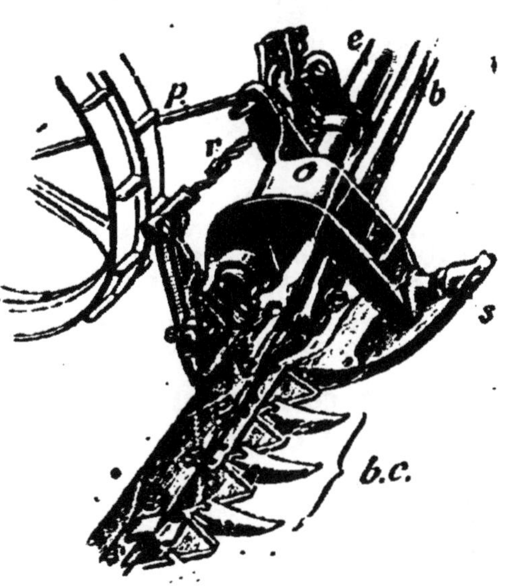

FIG. 60. — ARTICULATION DE LA BARRE DE COUPE ET DU BATI.

L'extrémité gauche de la barre de coupe b.c. glisse sur le sol par le sabot intérieur s. — Celui-ci est articulé dans deux directions sur l'étançon e, ce qui permet le pointage p et le relevage r (voir aussi les figures 57 et 63).

b est la bielle que fait mouvoir la scie.

Les roues ont un diamètre égal, le plus souvent 60 centimètres. Elles sont en fonte. Comme elles servent non seulement à porter la faucheuse, mais aussi à actionner la scie, leur jante est garnie d'aspérités qui assurent leur adhérence au sol.

Le mouvement de l'essieu est transmis à la scie par

un système d'*engrenages*, un *plateau-manivelle* et une *bielle.* L'oscillation de la lame étant transversale par rapport à la direction de marche de la faucheuse, la rotation du plateau-manivelle qui la commande (par l'intermédiaire de la bielle) se fait dans un plan perpendiculaire à celui des

Fig. 61.
PLATEAU MANIVELLE et BIELLE.
La figure 60 montre l'extrémité droite de la bielle et sa liaison avec la tête de lame. — Ici on voit l'autre bout de la bielle *b* et son articulation sur le plateau manivelle *p.m.* qui la commande.

roues; en conséquence deux des pignons de transmission sont coniques.

Les axes des engrenages tournent dans des *coussinets* à rouleaux ou à métal anti-friction portés par le bâti; une partie de celui-ci forme souvent un *carter* où les roues dentées plongent dans un bain d'huile pendant une fraction de leur course et où elles sont d'autre

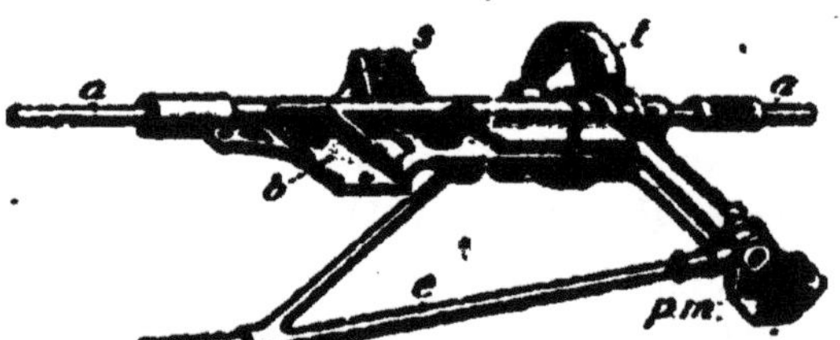

Fig. 62. — BÂTI DE FAUCHEUSE.
a a, axe des roues. — *t,* carter contenant les engrenages de transmission. — *p.m.,* logement du plateau-manivelle (voir aussi figure 61). — *e* est l'étançon qui soutient la barre de coupe (voir aussi figure 60); il est articulé sur le bâti de telle sorte que celle-ci puisse suivre les inégalités du sol. — *b* est le boitard du timon, *s* celui du support du siège.

part à l'abri de la poussière. La transmission est ainsi rendue plus douce, ce qui réduit l'effort de traction nécessaire, et la durée de ses organes est augmentée.

Le bâti, en fonte coulée d'une seule pièce, reçoit en outre le timon et le siège.

Le timon est une flèche de bois portant à l'arrière, près de la faucheuse, une *volée* de traction à deux palonniers, et à sa partie antérieure une *barre de reculement* qui facilite les reprises aux angles et permet un mouvement rétrograde en cas de bourrage de la scie.

Il est bon de munir aussi le timon d'une *roulette-support* qui soulage les animaux et évite les blessures au garot; autrement, en effet, malgré la position du conducteur, une partie du poids de la machine serait supportée par les bêtes, ce qui les fatiguerait en pure perte.

Les machines attelées servant à la préparation du sol, à la distribution des engrais et des semences et à l'entretien des cultures ne sont — en France, et c'est un tort — que rarement munies d'un siége. Les machines de récolte en sont, au contraire, toujours pourvues.

Ce siège est formé d'une pièce de tôle perforée, emboutie de façon à donner une bonne assiette au conducteur, et portée sur une lame d'acier qui lui donne quelque mobilité dans le sens vertical. On peut le rendre un peu plus confortable par l'emploi de ressorts de suspension; on peut également sans grands frais lui adjoindre un parasol qui abrite le conducteur contre la radiation trop vive.

Dans les faucheuses, la lame qui supporte le siège est boulonnée à la portie postérieure du bâti : l'ouvrier est ainsi placé en arrière de la barre de coupe, ce qui évite un accident grave en cas de chute; en outre, son poids équilibre, en partie, le poids de la flèche et de l'avant de la faucheuse, ce qui réduit la charge sur le garrot des chevaux ou sur la roulette-support.

Les leviers de manœuvre, placés à proximité du siège afin que le conducteur les atteigne et s'en serve commodément, sont au nombre de deux. L'un est le levier de pointage; l'autre est le levier de relevage.

Le *levier de pointage* a pour but d'obliquer plus ou moins le porte-lame d'arrière en avant. L'objet de ce mouvement est double : il sert d'abord à modifier la hauteur de coupe sans changer le réglage des sabots séparateurs; ensuite, et surtout, il permet (1) à la barre coupeuse de franchir les obstacles peu importants (pierres ou petites taupinières) sans que le conducteur soit obligé de la soulever lui-même au-dessus du sol à l'aide de l'autre levier qui exige un effort plus considérable.

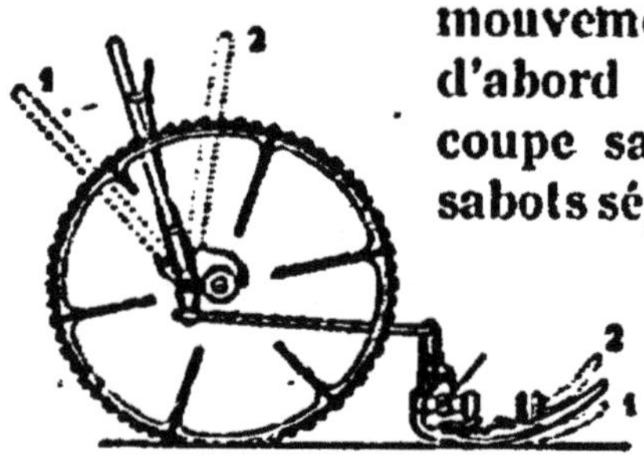

FIG. 63.
ACTION DU LEVIER DE POINTAGE
(*indiqué par la lettre* p *sur la fig.* 57.)
En trait plein la position ordinaire.
En pointillé : *1*, la position de coupe rase; *2*, la position de franchissement des obstacles.

Le *levier de relevage* est mis en œuvre pour éviter les taupinières volumineuses, les grosses pierres, etc...; il sert également dans les changements de direction aux angles de la prairie. En raison de la force nécessaire, le levier manié à la main est complété par un

---

(1) lorsque l'on redresse au maximum la pointe des dents.

levier à pied ou « pédale » : l'ouvrier agit simultanément sur les deux organes.

Dans certaines faucheuses, le levier de relevage
permet de redresser la barre coupeuse verticalement ;
il commande alors — à un angle d'élévation déterminé — le débrayage de la transmission, la continuation du mouvement de coupe étant inutile et même
dangereux (rupture de pièces). Ce dispositif est utile
dans les prairies plantées d'arbres ; dans les cas ordinaires, il ne répond à aucune nécessité et un relevage partiel suffit à tous les besoins. La barre des
machines qui n'en sont pas pourvues est placée à la
main dans la position verticale, pour les déplacements
sur les routes et chemins.

Diverses sortes de faucheuses.

Les faucheuses à deux chevaux que nous venons de
décrire sont, de beaucoup, les plus répandues.

On trouve cependant des faucheuses à largeur de
coupe plus réduite (90 centimètres à 1 mètre) qui
sont munies d'une limonière et destinées à être tirées
par un seul cheval. Elles ne sont pas à conseiller : leur
prix est peu différent de celui des machines à deux
chevaux, et elles fatiguent exagérément l'animaltracteur.

Les faucheuses à bœufs ne diffèrent des faucheuses
à chevaux que par les engrenages : l'allure des bœufs
étant plus lente que celle des chevaux, la vitesse de
rotation des roues est, en effet, moindre et la transmission doit « multiplier » plus pour que le mouvement
de va-et-vient de la scie soit aussi rapide.

Il existe d'ailleurs des faucheuses à deux vitesses

qui peuvent servir, soit avec des chevaux, soit avec des bœufs.

En dehors des faucheuses à traction animale, plusieurs types de faucheuses à moteur ont été imaginées et construites. Elles ne sont pas utilisées, au moins en France, aussi nous contentons-nous de les citer pour mémoire.

FANAGE

Lorsque le fourrage n'est pas consommé immédiatement par le bétail, des précautions doivent être prises pour assurer sa bonne conservation.

Le plus souvent il est transformé en foin, c'est-à-dire desséché à l'air sur le pré. A cet effet il est retourné à plusieurs reprises, de telle sorte que toutes ses parties soient successivement exposées à l'action du soleil et du vent; le soir, ou si le temps menace, on le rassemble en tas de forme et de grosseur variées pour le protéger contre l'humidité ou la pluie. Le fanage comporte donc deux opérations bien distinctes : le *fanage proprement dit* et le *râtelage*; ces deux opérations mettent en œuvre — soit des outils maniés à bras, — soit des machines attelées.

FANAGE A BRAS

Le fanage à bras exige un personnel très nombreux si l'on veut qu'il soit exécuté avec toute la rapidité désirable; sa conduite dépend des circonstances atmosphériques, de l'abondance et de la nature de la récolte, des plantes qui la constituent, etc... Nous ne

pouvons entrer dans le détail des manipulations à
faire dans les différents cas; disons seulement que les
légumineuses doivent être traitées avec plus de précaution que les graminées, en raison de la grande fa-
cilité avec laquelle se détachent leurs feuilles.

Les outils employés dans le fanage à bras sont les
fourches et les rateaux (fig. 5, p. 119).

Les fourches à foin tout en bois sont encore très
employées; elles ont généralement deux dents et
sont tirées d'une branche fourchue, le cultivateur les
fabrique souvent lui-même.

Les fourches en acier (à manche de bois naturellement) se répandent de plus en plus; elles ont deux,
trois ou quatre dents longues de 25 à 30 centimètres.

Les rateaux à foin doivent être très légers, malgré
leur grande largeur, et avoir des pointes mousses :
il importe en effet de ne pas atteindre le sol en ramas-
sant le fourrage, sous peine de mélanger à celui-ci des
particules terreuses qui le déprécient.

Les rateaux de bois sont les plus usités Il existe
cependant de bons outils à manche et traverse de
bois, mais à dents métalliques; pour que le sol ne soit
pas gratté, le fil d'acier dont celles-ci sont faites est
replié en boucle à la partie libre.

FANAGE A LA MACHINE

L'emploi des machines (outre qu'il réduit la main
d'œuvre) permet d'accélérer les travaux de fanage,
circonstance favorable à l obtention d'un beau foin
— surtout en période humide ou pluvieuse.

Le retournement du fourrage et le ratelage emploient généralement des machines différentes appelées *faneuses* et *rateaux*. Toutefois, depuis quelques années déjà, il existe d'excellents appareils combinés qui permettent d'effectuer l'une ou l'autre opération à volonté; on les désigne sous le nom de *rateaux-faneurs*.

Faneuses.

Les faneuses à fourches, ou faneuses ordinaires, sont tirées par un cheval attelé en limons sur le châssis à deux roues de lamachine. Deux types sont couramment usités chez nous.

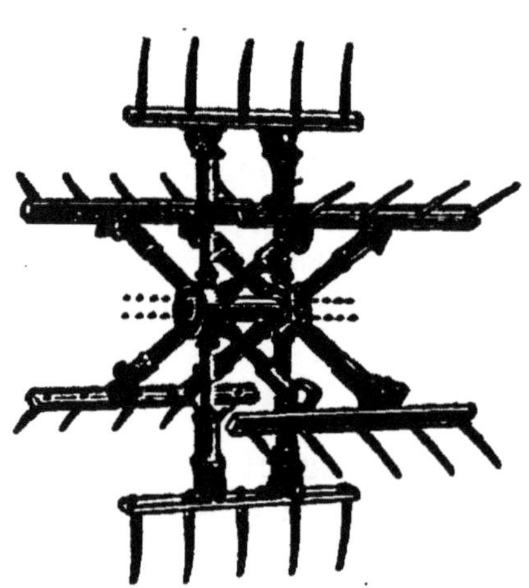

Fic. 64. — Fourches *de faneuse à mouvement circulaire continu.*

Dans le premier modèle, les fourches (fig. 64) sont animées d'un mouvement circulaire continu, que leur communiquent les roues porteuses.

La rotation des fourches peut être orientée par le conducteur dans un sens ou dans l'autre. Quand elles tournent vers l'arrière, à la partie basse de leur course (1, fig. 65), le fourrage est soulevé assez doucement. Lorsqu'à l'inverse elles tournent vers l'avant, (2, fig. 65) les herbes sont prises sur le sol et entraînées avec une grande vitesse, passent par dessus le système des fourches et retombent derrière la faneuse d'une hauteur assez considérable; ce long parcours dans l'air — que l'on pen-

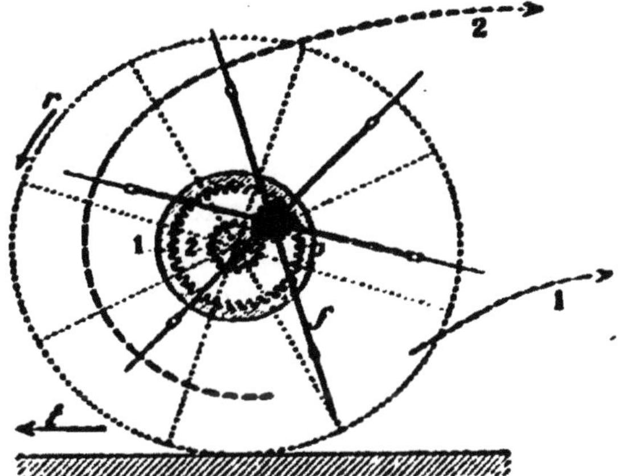

Fig. 65. — Faneuse à *mouvement circulaire continu* (schema).

t traction. — *r*, rotation des roues porteuses; chacune de celles-ci entraîne dans son mouvement deux engrenages (*1* et *2*).

Quand le pignon *p* (qui commande un groupe de six fourches *f*, tel que celui de la fig. 66) est mis en relation avec l'engrenage à denture intérieure *1*, le fourrage est projeté suivant la flèche du bas. Quand il est embrayé sur l'engrenage à denture extérieure, le foin est entraîné par dessus la machine suivant *2*.

sait, autrefois, être favorable à la dessication — n'est d'aucune utilité, sa brutalité est au contraire nuisible aux fourrages et notamment à ceux qui s'effeuillent facilement (légumineuses), aussi doit-on ne pas l'employer et ne se servir que du premier mouvement.

Dans l'autre type de faneuse, le plus répandu en France — et à juste titre, en raison de la qualité de son travail —, les pièces actives, reçoivent du mécanisme de transmission, un mouvement analogue à celui que les ouvriers donnent aux fourches dans le fanage à bras.

A cet effet chacune d'elles est articulée en deux points : l'un *v* (fig. 66), situé au milieu du manche, est

animé d'une rotation rapide par un *arbre vilebrequin*
que commandent les roues porteuses ;
l'autre *b*, qui est l'extrémité supérieure
du manche, oscille de bas en haut et de
haut en bas en arrière de la traverse antérieure du bâti à laquelle il est relié par
une *bielle*. La combinaison de ces deux
mouvements et du déplacement de la
machine retourne le fourrage dans d'excellentes conditions, sans le secouer exagérément.

La partie travaillante des *fourches*, formée de deux ou quatre dents *d* est elle-
même articulée à l'extrémité inférieure
du manche, et non fixée à demeure sur
celui-ci ; un *ressort r* la maintient dans
la position convenable mais lui permet de
se replier vers l'avant quand elle rencontre une

FIG. 66.
FOURCHE AR-
TICULÉE de
faneuse à
mouvement
complexe.

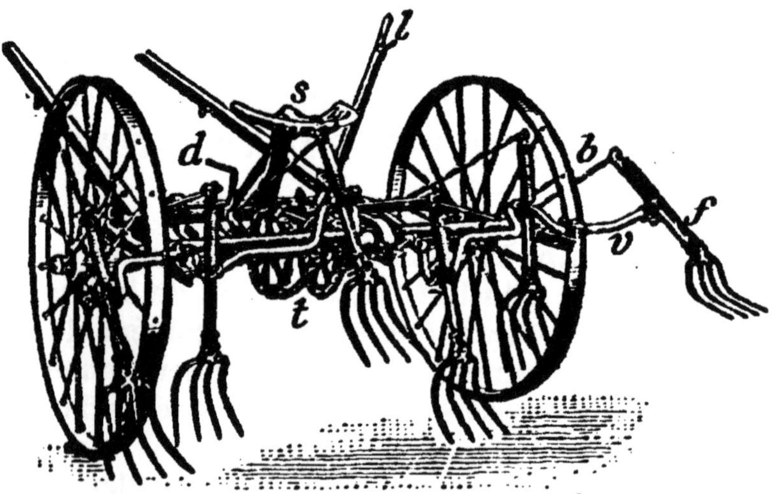

FIG. 67. — FANEUSE à *mouvement complexe.*
t, transmission qui commande le vilebrequin *v* ; elle peut être
débrayée grâce à la manette *d*. — *f*, l'une des fourches ; *b*, sa bielle.

pierre ou un autre obstacle qui pourrait la détériorer.

Un *levier* (*l*, fig. 67) permet de régler le châssis de la machine pour que les fourches passent aussi près du sol qu'il est nécessaire, sans toutefois le toucher. Ce levier est placé à proximité d'un *siége* sur lequel prend place le conducteur de la machine.

Les **faneuses vire-andains**, beaucoup moins employées que les précédentes, sont appréciées pour le travail des fourrages délicats, en raison de leur action très douce. Le principe de l'une d'elles se retrouve dans les rateaux à décharge latérale et dans les rateaux-faneurs.

Rateaux.

Les rateaux ordinaires sont essentiellement constitués par une série de *dents* en acier, courbées en demi-circonférence, que l'on déplace au voisinage du sol en les tirant par l'intermédiaire d'un *bâti* monté sur *deux roues*; des pièces variables, formant le *système de décharge*, permettent de soulever les dents vers l'arrière pour laisser en place le fourrage entraîné.

Ces rateaux ne servent d'ailleurs pas seulement à rassembler le foin; on les utilise aussi pour le glanage des céréales, pour l'enlèvement des feuilles mortes parfois utilisées comme litière, etc..

Certains rateaux de construction simplifiée et de petites dimensions sont destinés à être traînés par un gamin ou par un homme. Ils peuvent rendre des services en petite culture.

Leur largeur de travail est de 1 m. 30 à 1 m. 50; on

en fait même de plus grands, jusqu'à 1 m. 70, mais leur maniement est pénible. Le relevage des dents se fait à l'aide d'un levier à main placé à l'avant de la flèche ou de l'un des brancards.

Les « rateaux à cheval » (fig. 68) sont maintenant d'un emploi courant dans les grandes et moyennes exploitations. Leur train est toujours tel qu'une seule bête suffit à les tirer. Le conducteur a un *siège* à sa disposition; mais, en général, le mécanisme de décharge peut être actionné aussi de derrière le rateau, l'ouvrier suivant celui-ci à pied.

Dans quelques appareils très simples, c'est le conducteur lui-même qui relève les dents quand le rateau est plein de fourrage (ou quand il arrive à la hauteur du « roule » déposé au passage précédent); à cet effet il agit sur la commande (levier, pédale ou chaîne) placée à proximité du siège. La largeur de la machine ne peut excéder 2 mètres, sans quoi la force nécessaire pour le relevage serait trop considérable.

Dans les rateaux perfectionnés, qui remplacent partout les précédents, c'est au cheval qu'est demandé l'effort nécessaire à la décharge du fourrage : la *pédale* de relevage ne sert qu'à enclencher sur des *rochets* solidaires des roues le cadre mobile qui soutient les dents; les roues, en tournant, soulèvent les dents qui retombent ensuite par leur propre poids après avoir abandonné le fourrage recueilli. Le même système sert à placer le rateau en position de transport ou de virage; une *manelle*, préalablement manœuvrée, provoque un « accrochage » qui maintient les dents relevées; il suffit de la ramener en sens inverse et d'agir à nouveau sur la pédale pour que les dents reviennent en travail. Ces appareils, dits « à décharge automatique » travaillent une largeur de 2 mètres à 2 m. 50.

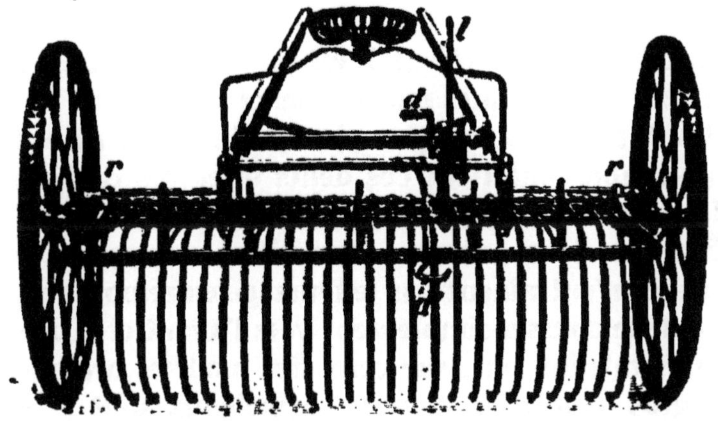

FIG. 68. — RATEAU ORDINAIRE à *décharge intermittente.*
d et d', pédale et poignée commandant le mouvement de décharge.
Quand le conducteur agit sur l'une d'elles (pédale s'il est sur le siège,
poignée s'il marche derrière l'appareil), les rochets r — solidaires des
roues — entraînent le système des dents qui est soulevé et abandonne le fourrage sur place.

Les râteaux à décharge latérale sont basés sur le même principe que les machines utilisées dans les villes pour le balayage rapide des rues.

On connaît le fonctionnement de ces « balayeuses mécaniques » : une grosse brosse cylindrique, tournant autour de son axe sous l'action d'engrenages commandés par les roues de l'appareil, est déplacée obliquement sur le sol dans le sens opposé à celui de sa rotation (à rebrousse-poil, si l'on veut). Les ordures de toutes sortes sont projetées en avant et sur le côté par les crins qui les rencontrent, puis reprises par d'autres qui leur donnent un déplacement analogue, et ainsi de suite jusqu'à l'extrémité arrière du balai où elles sont abandonnées en une bande continue.

Les râteaux à décharge latérale travaillent absolument de la même façon; l'organe actif — oblique encore par rapport au déplacement de la machine, et tournant aussi vers l'avant — est cependant, on le conçoit, un peu différent. Il est formé par trois rangées de dents métalliques montées sur trois tringles parallèles à l'axe de rotation du système; un dispositif convenable maintient ces dents orientées d'une manière constante (à peu près verticales) en tous les points de leur course — condition nécessaire pour qu'elles n'entraînent pas le fourrage en remontant, au lieu de le pousser simplement vers l'avant et la droite.

Ces râteaux ont, sur ceux des modèles ordinaires, de gros avantages dont les principaux sont : 1º de déverser automatiquement le foin, sans aucune intervention du conducteur et surtout sans à-coups sur le collier du cheval; 2º de former un andain continu facilitant le travail du chargeur de fourrage.

Ils ne sont pourtant plus employés malgré leur invention assez récente : on les a, en effet, dotés d'un dispositif simple qui — sans en augmenter beaucoup le prix — les a rendus utilisables pour le fanage, transformés comme l'on dit en « râteaux-faneurs ».

Râteaux-Faneurs.

Les râteaux-faneurs sont, à l'heure actuelle, les appareils les plus perfectionnés pour le traitement des fourrages avant la rentrée au fenil ou la mise en meules. Ils dérivent immédiatement, ainsi que nous venons de le dire, des râteaux à décharge latérale.

Leur aspect général est le même : un *bâti*, porté par *deux roues* à l'avant et par un *galet* pivotant à l'ar-

FIG. 99. — RATEAU-VANEUR *fonctionnant comme rateau à décharge continue.*

rière, muni d'un *siège* pour le conducteur et des pièces nécessaires à l'attelage d'un ou deux chevaux, soutient l'organe actif ou *vire-andain*.

Ce dernier, identique à celui des râteaux précédents, reçoit son mouvement de *pignons* situés près de la roue de gauche.

Quand il tourne en avant, la machine fonctionne comme nous l'avons expliqué il y a quelques instants, c'est-à-dire qu'elle ratelle le foin pour le réunir en un andain continu sur le côté gauche du train travaillé.

Mais une *manette d'embrayage* permet de renverser la transmission et de changer le sens de rotation du vire-andain : celui-ci tournant alors vers l'arrière, la machine fonctionne en faneuse. Pour que le fourrage soit bien retourné, il est nécessaire que les dents soient alors inclinées vers l'arrière au lieu d'être verticales ou inclinées vers l'avant comme c'était le cas pour le ratelage; l'obliquité convenable (qui dépend de la nature et de la densité de la récolte, et de l'énergie que l'on veut donner au travail) est obtenue grâce à un *levier* placé, comme la manette d'embrayage, à portée du conducteur.

Les râteaux-faneurs à un cheval mènent 2 mètres ou 2 m. 50; à partir de cette largeur de train deux chevaux sont nécessaires (le bâti est alors soutenu à l'arrière par deux galets au lieu d'un) (fig. 69).

Leur prix est environ le double de celui d'un bon râteau à dents courbes, de même largeur; ou, si l'on préfère ce mode de comparaison, il est à peu près égal à la somme du prix d'un tel râteau et du prix d'une faneuse à fourches articulées.

CHAPITRE X

RÉCOLTE DES CÉRÉALES

Chez nous, la récolte des céréales (blé, avoine, etc.,) comporte la *coupe* des tiges près du sol, puis leur *liage* en gerbes plus ou moins volumineuses

Ces deux opérations peuvent être exécutées :
soit à l'aide d'outils maniés à bras d'homme,
soit au moyen de machines attelées.

Certaines de celles-ci ne font que scier le grain qui doit être ensuite lié par des ouvriers.

MOISSONNAGE A BRAS

La coupe manuelle des céréales n'est plus actuellement pratiquée d'une façon courante qu'en très petite culture ; elle est parfois imposée par la forme du labour (l. en billons). On est cependant obligé d'y avoir recours dans les grandes exploitations : 1º lorsque la récolte est tourbillonnée ou même simplement très versée ; 2º pour le détourage de certaines pièces.

Le liage à bras est, au contraire, très répandu

encore puisqu'il s'applique non seulement aux céréales sciées à la faucille, à la sape ou à la faux, mais encore derrière les machines autres que la moissonneuse-lieuse.

COUPE DES CÉRÉALES

La coupe non mécanique des céréales utilise la faucille (*F*, fig. 70), la sape (*S*, fig. 70) ou la faux (*F*, fig. 55, p. 119).

La faucille se rapproche en général, par sa forme, d'un croissant dont le bord intérieur est aiguisé, et qui est monté sur une petite *poignée* de bois que l'ouvrier tient de la main droite. La courbure et les dimensions de la *lame* sont très variables suivant les régions; son tranchant est tantôt lisse, tantôt finement dentelé.

Le faucillage peut être pratiqué de deux manières : soit « en dehors », soit « en dedans »; ces termes sont assez explicites pour qu'il soit superflu de les définir. Le second procédé est surtout employé par les ouvriers bretons.

Les tiges coupées sont déposées à quelques pas, en un tas plus ou moins étalé que l'on nomme javelle et qui, une fois lié, constituera la gerbe.

La sape est l'outil des travailleurs belges; elle est également utilisée par les locaux dans le Nord de la France (Flandre et Picardie). On s'en sert

FIG. 70.
OUTILS DE COUPE
pour la récolte des céréales.
S, sape, et son crochet *c*.
F, faucille.

comme les Bretons le font de leur faucille, mais les

chaumes à couper à chaque mouvement sont maintenus à l'aide d'un *crochet* manœuvré de la main gauche et non plus saisis à poignée par cette main. La *lame*, assez semblable à celle d'une petite faux, est fixée à un *manche* très court souvent recourbé à l'extrémité que saisit le moissonneur.

La faux — que nous avons décrite à propos de la récolte des fourrages (p. 119) — est généralement munie, pour la coupe des céréales, d'un *râteau*; celui-ci, formé d'une série de baguettes recourbées parallèles à la lame, a pour but d'éviter l'emmêlement des tiges.

On peut faucher soit « en dedans », soit « en dehors »; la première méthode, un peu plus lente, est cependant préférable à l'autre, mais elle ne peut s'appliquer qu'aux récoltes un peu hautes et assez denses. Des aides enlèvent les plantes coupées au fur et à mesure de l'avancement du travail pour dégager la ligne occupée par les faucheuses.

La faux est celui des trois outils qui donne le plus de rapidité à la coupe, mais elle est inemployable dans les cas de verse.

La sape est encore très active malgré la position courbée qu'elle donne à l'ouvrier; elle donne un excellent travail même dans les récoltes envahies de mauvaises herbes; elle permet de moissonner les céréales couchées et tourbillonnées.

La faucille présente l'avantage d'égrener les plantes moins que la sape et la faux (surtout lorsque celle-ci est employée à la volée, c'est-à-dire pour faucher en dehors); elle est fâcheusement plus lente : les tâcherons bretons approchent cependant de très près la vitesse réalisée à la sape.

Liage des Céréales

Les céréales ne sont pas toujours liées immédiatement après la coupe.

On les laisse parfois plusieurs jours étendues sur le
sol, en petits tas que l'on retourne de temps en temps
de façon à parfaire la maturité de toutes les têtes et à
dessécher les mauvaises herbes entraînées au pied.
Cette manière de faire doit en principe être aban-
donnée pour le blé et l'orge : la paille et le grain se déprécient et celui-ci peut parfois commencer à germer.
Même pour l'avoine (qui souffre moins de cette pratique et y est d'ailleurs surtout soumise) le « javelage »
a plus d'inconvénients que d'avantages et ne doit être
employé qu'à bon escient.

Il est préférable de former des moyettes où, si
elles sont bien établies, la récolte se trouvera placée dans de meilleures conditions pour atteindre le
point de siccité nécessaire pour qu'on puisse la ren-
trer.

Toutefois, hors des cas exceptionnels, le mieux est
de lier tout de suite derrière les faucheurs ou la
moissonneuse : on gagne ainsi du temps et on économise de la main-d'œuvre. Les gerbes, de poids
variable avec la nature de la récolte et les coutu-
mes locales, sont ensuite dressées les unes contre
les autres ou réunies en petits tas de forme et d'importance diverses suivant la région (dizeaux, trei-
zeaux, etc...)

Quoiqu'il en soit, le liage peut s'effectuer à la main
ou à la botteleuse.

La confection des gerbes *à la main* utilise encore très souvent des liens de paille. Tantôt ceux-ci sont préparés par l'ouvrier lui-même au moyen de deux petites poignées de la céréale récoltée, prises sur la javelle, nouées bout-à-bout, puis rapidement tordues. Tantôt ils ont été fabriqués à l'avance (par exemple pendant les veillées d'hiver) avec de la paille de seigle battue au fléau : un gamin les place en arrière des faucheurs : les aides déposeront les javelles sur ces liens et les noueront immédiatement. Le nœud est fait « à main nue » ou en employant une cheville qui facilite le serrage de la gerbe.

Les liens de raphia ou de rotin ont l'avantage de pouvoir servir plusieurs années, si on les soigne un peu pendant la période qui va du battage à la moisson.

Les *botteleuses* utilisent des liens faits avec de la ficelle de lieuse ; deux bouts de celle-ci — provenant de deux bottes liées à la machine — réunis par une de leurs extrémités suffisent pour une gerbe à la main, de grosseur moyenne.

Fig. 71. — Aiguille lieuse.

Seule la botteleuse à aiguille ou aiguille lieuse peut-être commodément employée sur le champ ; les autres sont destinées à ligaturer les bottes de paille issues de la batteuse (p. 201).

MOISSONNAGE A LA MACHINE

Les machines servant à la moisson sont :
soit des *faucheuses* simplement complétées par des organes convenables,

soit des appareils spéciaux, que l'on nomme *moissonneuses javeleuses* ou *moissonneuses lieuses* suivant
qu'elles délivrent la céréale en javelles ou en petites
gerbes ficelées.

FAUCHEUSES ADAPTÉES A LA MOISSON

Dans les exploitations où l'on ne fait qu'un ou
deux hectares de grain, l'achat d'une moissonneuse
n'est pas avantageux : il y aurait disproportion entre
le capital immobilisé et les services rendus annuelle-
ment par la machine. Aussi se contente-t-on d'adapter la faucheuse à la coupe des céréales en lui adjoignant un « appareil à moissonner ».

Le but de celui-ci est de permettre le groupement
en javelles des tiges sciées, au lieu de les laisser tomber
au fur et à mesure en un andain continu comme du
fourrage.

A cet effet un *siège* supplémentaire est fixé sur le
bâti de la faucheuse, et un second ouvrier y prend
place, armé d'un léger *râteau* à long manche. Tandis
que le conducteur s'occupe uniquement de diriger l'attelage, cet aide forme la-javelle en couchant la céréale
sur un *tablier* placé derrière la barre de coupe; quand
assez de tiges ont été réunies, elles sont déchargées
sur le sol.

Parfois les javelles ainsi constituées sont abandonnées sur le train même dont elles proviennent, et
doivent en être enlevées immédiatement par les lieurs
pour n'être pas foulées au tour suivant. Le tablier
est alors articulé sur le bord arrière de la barre cou-

peuse, et fait de lattes séparées par des intervalles de quelques centimètres : quand le javeleur soulève cette clairevoie elle recueille les tiges coupées, quand il l'abaisse elle dépose la javelle sur le champ, (cette manœuvre est commandée par une pédale).

Le plus souvent le tablier est tout différent : il affecte la forme d'un plateau en quart de cercle, fixé par l'avant au porte-lame, limité à l'extérieur par un rebord vertical haut de 20 ou 25 centimètres, et s'ouvrant à gauche et en arrière de la roue de droite. Les javelles, balayées de cette plate-forme par un coup de râteau, sont ainsi déportées en dehors du chemin que suivra la machine à son prochain passage. Cette disposition, qui laisse plus de latitude pour l'organisation du travail de liage, est très fatigante pour l'ouvrier javeleur : il doit être relevé par le conducteur plus fréquemment qu'avec le système précédent.

MOISSONNEUSES JAVELEUSES

L'objet des moissonneuses javeleuses est de faire exécuter par l'attelage la besogne confiée au second ouvrier dans les appareils que nous venons de décrire. Ces machines n'exigent en conséquence qu'un homme : il conduit l'attelage et manœuvre les leviers et pédales qui règlent le fonctionnement des divers organes.

Constitution d'une javeleuse.

Sous leur forme ordinaire les javeleuses sont portées par *une seule roue*, à jante très large et munie de nervures d'adhérence. A gauche de cette roue se trouve le *siège* du conducteur, à droite est le *bâti* (fig. 72).

La traction est fournie — comme dans les faucheuses — par deux chevaux attelés sur un *limon* muni d'une volée et d'une barre de recul (il y a avantage à soutenir ce timon par une roulette-support).

La *barre de coupe* est analogue à celle d'une faucheuse; le mouvement de va-et-vient de la scie est toutefois moins rapide, la rigidité des chaumes de céréales les rendant plus faciles à trancher que les tiges assez molles des fourrages. En arrière du porte-lame est fixé un *tablier* en quart de cercle identique à celui des appareils à moissonner dont nous avons parlé en dernier lieu. L'ensemble tablier-barre-coupeuse peut être relevé verticalement pour le transport (grâce à l'articulation *a*, fig. 73).

La partie caractéristique de la moissonneuse est le

FIG. 72. — MOISSONNEUSE JAVELEUSE.

r, roue porteuse; *s*, siège du conducteur; *b*, barre de coupe, en arrière de laquelle s'étend le tablier en quart de cercle; *1*, *2*, *3* et *4*, rateaux.

système de javelage automatique (fig. 73) qui remplace l'ouvrier javeleur armé de son râteau.

Ce système est formé de quatre râteaux dont le manche est articulé, à son extrémité, sur la tête d'un axe vertical; celui-ci, commandé comme la scie par la roue porteuse, tourne d'un mouvement uniforme, entraînant les râteaux dans sa rotation.

Outre ce mouvement dans le sens horizontal, les râteaux ont, dans le sens vertical, un déplacement que leur permet l'articulation qui les relie à la « tête de javelage ». En revenant vers l'avant, dans la partie gauche de leur course, ils sont redressés pour ne pas heurter le conducteur ; puis ils descendent assez rapidement et reviennent en arrière en inclinant les tiges de la récolte vers la scie; à partir de ce point :

les uns se relèvent brusquement et cessent d'agir sur la céréale,

Fig. 73. — TRANSMISSION *d'une moissonneuse javeleuse.*

r, roue porteuse ; *l,* tablier articulé en *a* sur le bâti; *h,* manivelle servant à régler la hauteur de coupe. Les manches des râteaux (*1, 2, 3* et *4*) sont guidés par des galets *g* qui suivent un chemin de roulement entourant la « tête de javelage ». Le contrôleur *c* commande automatiquement l'aiguillage.

d'autres au contraire continuent à tourner en restant au même niveau, ils rasent le tablier, balaient sur le sol tout ce qu'il contient et ne remontent qu'après avoir accompli ce travail.

Ces deux parcours différents, qui font que les râteaux fonctionnent ou en « rabatteurs » ou en « javeteurs », sont obtenus en guidant les manches près de leur articulation au moyen d'un chemin de roulement ; celui-ci, simple du côté du conducteur où tous les râteaux doivent devenir presque verticaux, est double vers la droite : la voie inférieure est celle que suivent les rabatteurs, la voie supérieure celle que suivent les javeleurs. Suivant l'orientation de l'aiguille placée à la bifurcation du chemin de roulement, l'une ou l'autre route est empruntée par les râteaux.

C'est sur cette aiguille que l'on agit pour obtenir la grosseur de javelle que l'on désire : il est aisé de concevoir, en effet, que — toutes choses égales d'ailleurs — les tas de céréales délivrés par la moissonneuse seront d'autant plus volumineux que les râteaux fonctionneront plus rarement en javeleurs. Les organes qui commandent l'aiguille (et dans la description desquels nous ne pouvons entrer ici, faute de place) sont sous la dépendance d'un levier qui se trouve à portée du conducteur ; selon la position donnée à ce levier, on peut : — soit rendre tous les râteaux javeleurs, — soit avoir un, deux, trois, quatre ou cinq rabatteurs entre deux javeleurs successifs ; il est par conséquent possible d'avoir des javelles pesantes, même lorsque la céréale est très peu dense. Bien entendu ce réglage se fait en marche, de sorte qu'on peut le modifier sans pertes de temps au cours du travail, par exemple en cas d'inégalité de récolte entre les diverses parties du champ.

Diverses sortes de javeleuses.

Les moissonneuses javeleuses que nous venons d'étudier sont, nous l'avons dit, à deux chevaux ; leur largeur de coupe est généralement comprise entre

1 m. 40 et 1 m. 55. Il existe aussi des javeleuses à un cheval menant de 1 mètre à 1 m. 20; comme les faucheuses à un cheval, et pour les mêmes raisons, elles ne sont pas à conseiller en principe.

Les machines à deux chevaux, au contraire, ont un rôle important à jouer dans notre pays où la petite et la moyenne propriétés dominent. Elles s'appliquent d'ailleurs, non seulement aux exploitations où la surface en céréales est trop faible pour justifier l'achat d'une lieuse, mais encore à toutes les pièces où cette dernière ne pourrait fonctionner au moins dans de bonnes conditions (champs plantés de pommiers, ou à sol accidenté).

A côté de ces machines expressément destinées à la récolte des grains, il convient de citer les faucheuses-moissonneuses combinées. Ce sont des faucheuses dont la barre de coupe est placée en arrière de la ligne des roues et qui se complètent pour la moisson au moyen d'un appareil à système de javelage automatique.

Les faucheuses-moissonneuses peuvent être intéressantes pour un cultivateur qui désire n'avoir besoin que d'un homme pour scier ses céréales et qui fait, cependant, trop peu de celles-ci pour s'offrir une javeleuse ordinaire en sus de sa faucheuse. Elles exigent deux chevaux pour leur traction.

MOISSONNEUSES LIEUSES

Ces machines permettent de s'affranchir des exigences des lieurs qui, souvent, profitent de l'embarras où l'on se trouve pour demander des salaires très élevés. Leur emploi est toutefois limité : d'abord par leurs dimensions qui les rend inutilisables dans les piéces plantées d'arbres, ensuite par leur prix et par la nécessité d'avoir deux attelages se relayant à mi-journée.

Constitution d'une lieuse (fig. 76).

Les animaux tracteurs sont attelés, de la même manière que sur les autres machines de coupe (volée et barre de reculement), à un *limon* supporté par une roulette ou mieux par un petit avant-train pivotant, à deux roues.

La scie de la *barre coupeuse* a, comme celle des moissonneuses ordinaires, un mouvement plus lent que dans les faucheuses. Il n'y a pas, à proprement parler, de porte-lame : les doigts sont fixés sur la traverse antérieure du *tablier* placé en arrière de la scie.

Ce tablier, de forme rectangulaire, fait corps avec le *bâti*, leur ensemble est porté par une large *roue* qui actionne toutes les transmissions. Une roue plus petite, dite « roue de grain », placée un peu en arrière du séparateur extérieur, assure la stabilité de la machine et permet en outre (de concert encore avec la roue porteuse) le réglage de la hauteur de coupe.

Fig. 75.
ROUE PORTEUSE *de lieuse.*

Le *siège* est placé assez haut pour que le conducteur puisse surveiller commodément le fonctionnement des divers organes de la machine;

les *leviers* et *pédales* de manœuvre en sont voisins.

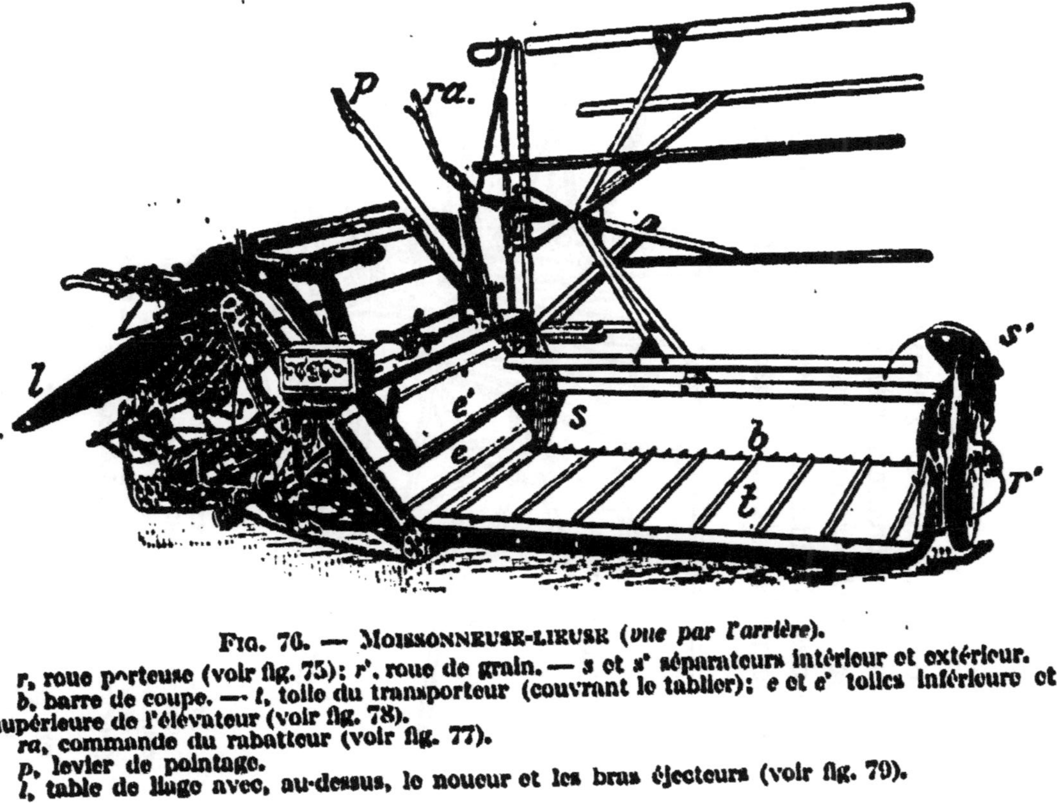

FIG. 76. — MOISSONNEUSE-LIEUSE (vue par l'arrière).

r, roue porteuse (voir fig. 75); r', roue de grain. — s et s' séparateurs intérieur et extérieur.
b, barre de coupe. — t, toile du transporteur (couvrant le tablier); e et e' toiles inférieure et supérieure de l'élévateur (voir fig. 78).
ra, commande du rabatteur (voir fig. 77).
p, levier de pointage.
l, table de liage avec, au-dessus, le noueur et les bras éjecteurs (voir fig. 79).

Les parties caractéristiques de la lieuse sont : d'abord le *rabatteur,* ensuite et surtout les *transporteurs* et l'appareil de *liage.*

Rabatteur.

Le rabatteur est un léger moulinet, fait de lattes de
bois, tournant autour d'un axe horizontal, et qui sert
à amener la céréale sur la barre de coupe, puis à la
coucher sur le tablier. Son rôle est donc le même que
celui des râteaux non-javeleurs d'une moissonneuse
simple, mais il s'en acquitte d'une façon plus variée :

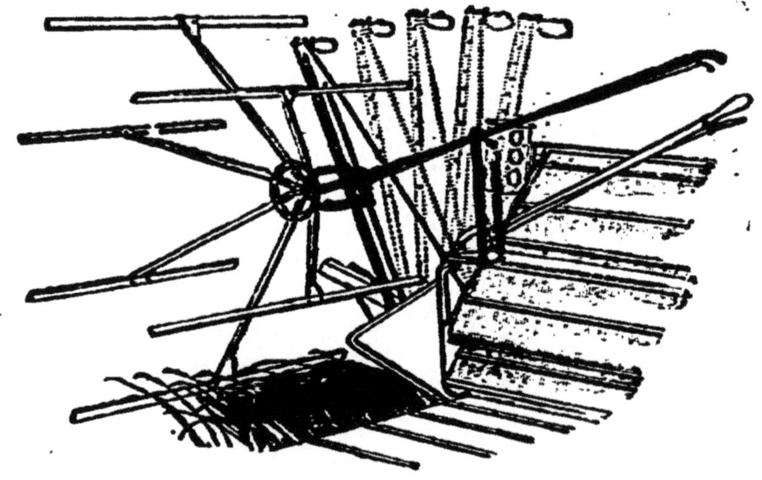

Fig. 77. — RABATTEUR (*sur une lieuse ayant la coupe à gauche.*)
On voit, en pointillé, les diverses positions de la tige sur laquelle
coulisse l'axe de rotation du moulinet.
Le rabatteur est ici placé le plus bas et le plus en avant possible
pour relever une récolte très couchée.

on peut en effet adapter la position de travail du
rabatteur à la taille et à l'inclinaison des tiges, de
telle sorte que celles-ci soient coupées dans les meilleures conditions.

Dans ce but, le coussinet dans lequel tourne l'axe
du moulinet coulisse sur une tige articulée, ce qui

permet au conducteur de le déplacer dans la direction verticale et dans la direction longitudinale. Les deux mouvements, indépendants, sont commandés chacun par un levier.

Quand la récolte est normale, c'est-à-dire non versée et de hauteur moyenne, le rabatteur est disposé de telle sorte que son axe soit à l'aplomb ou un peu en avant de la barre coupeuse, les lattes agissant sur les tiges de manière à les bien coucher sur le tablier. Quand la récolte est droite, mais peu élevée, on descend le moulinet pour le rapprocher de la pointe des doigts. Quand la récolte est couchée la coupe se fait aisément sans intervention du rabatteur sur le ou les côtés du champ où la céréale est prise par en-dessous; il n'en est plus de même sur les parcours où la lieuse marche dans le sens de l'inclinaison des chaumes : le rabatteur doit être disposé le plus en avant possible et très bas (fig. 77), de manière à redresser les épis avant que la scie agisse.

Le rabatteur est en défaut (comme, à plus forte raison, les râteaux de la javeleuse) en cas de récolte versée dans toutes les directions ou, comme l'on dit, tourbillonnée. La moissonneuse est alors souvent inutilisable, et l'on doit recourir à la coupe à bras (et notamment à l'emploi de la sape); toutefois, quand les plantes ne sont pas trop emmêlées, on peut travailler à la machine en garnissant la barre de coupe de *releveurs d'épis*, qui rendent également de grands services dans les champs versés d'un seul côté.

Transporteurs.

Les transporteurs ont pour fonction de faire passer

du tablier (placé à droite de la roue porteuse), à la
table de liage (située à sa gauche), les tiges coupées
par la scie.

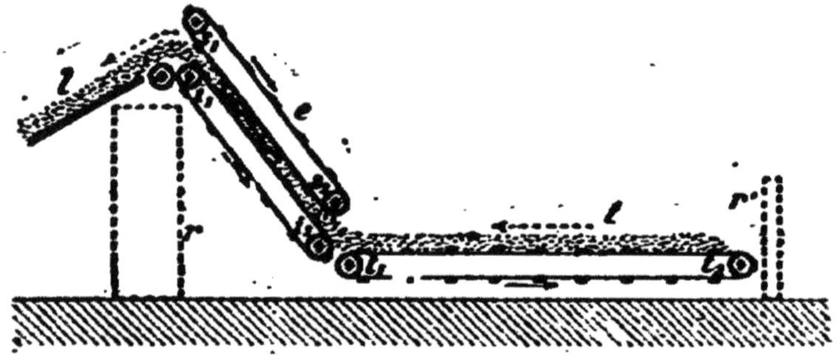

FIG. 78. — TRANSPORTEURS (*schéma*) (voir aussi la fig. 76).
r et *r'*, roue porteuse et roue de grain.
l, transporteur horizontal; l^1 *et* l^2 ses rouleaux.
e, élévateur; — i^1 et i^2, rouleaux de la toile inférieure; s^1 et s^2,
rouleaux de la toile supérieure.
l, table de liage.
(Les flèches en trait plein indiquent le sens du mouvement des
toiles; les flèches en pointillé le déplacement de la céréale.)

Ils sont formés par trois toiles sans fin, tournant
sur des rouleaux de bois parallèles au déplacement de
la lieuse.

L'une de ces toiles est le *transporteur horizontal*. Elle
enveloppe le tablier, sur les côtés duquel sont montés
ses deux rouleaux; le plus voisin de la roue porteuse
actionne la face supérieure de la toile (face qui reçoit
la céréale sciée) de la droite vers la gauche.

Les deux autres toiles constituent l'*élévateur*. Elles
sont inclinées de bas en haut et de droite à gauche,
et tournent face à face, en sens inverse l'une de l'autre,
chacune sur deux rouleaux dont le plus élevé seul
est moteur. Les tiges, amenées par le transporteur
horizontal à la partie inférieure de l'élévateur, sont
prises entre ces deux toiles et montées au-dessus de

la roue porteuse jusqu'au niveau de la planche de liage, sur laquelle elles se déversent.

L'entraînement des céréales coupées est assuré par de légers tasseaux de bois rivés sur les toiles.

Celles-ci sont tendues pendant le travail, au moyen de courroies. On les détend le soir par des procédés variés : si l'on négligeait cette précaution, la machine étant laissée sur le champ, les axes des rouleaux pourraient être tordus et même brisés par le rétrécissement du tissu sous l'influence de l'humidité nocturne.

Appareil de liage (fig. 79).

La description détaillée de l'appareil de liage demanderait des développements que nous ne pouvons nous permettre dans le cadre étroit qui nous est offert ; nous nous bornerons à en énumérer sommairement les principaux organes et à exposer rapidement les « temps » successifs de la confection de la gerbe.

Les tiges, tombées de l'élévateur sur la *table de liage*, glissent sur le plan incliré que forme celle-ci et s'accumulent à sa partie inférieure où elles sont retenues par des pièces mobiles — verrou et planchettes de déchargement — qui sont relevées à ce moment pour former rebord.

Au fur et à mesure qu'elles arrivent, leur pied est conduit par une planche oscillante appelée *égalisateur* qui dresse la base de la future gerbe. En même temps elles sont serrées les unes contre les autres par deux ou trois *tasseurs* placés sous la table de liage, et dont la pointe la traverse — par des ouvertures convenables — pour accomplir ce travail.

Les transporteurs amenant sans cesse de nouvelles tiges qui se réunissent dans l'intervalle compris entre la zone d'action des tasseurs et le *verrou*, la pression que la céréale exerce sur celui-ci va croissant et arrive à vaincre la résistance d'un ressort qui le maintient : le verrou s'efface alors et ce recul déclenche successivement le liage proprement dit, puis l'expulsion de la gerbe.

FIG. 79. — TABLE DE LIAGE.

On voit au bas de la table les planchettes de déchargement et le verrou ; — entre les deux panneaux l'ouverture où passent les tasseurs et l'aiguille ; — à droite l'égalisateur de pied dont la position (réglée par le petit levier oblique) détermine la hauteur de liage.

(*Voir aussi la fig. 99 qui représente une botteleuse mécanique.*)

Le mécanisme lieur est formé principalement d'une *aiguille* dont le rôle est de passer la ficelle autour de la botte, et d'un *noueur* dont le nom indique suffisamment la besogne. Le noueur, organe essentiel de l'appareil de liage, est le même sur toutes les machines actuellement en usage ; il est du type dit « à bec » qui s'est imposé et a fait disparaître les autres dispositifs proposés ; seule la commande du bec varie un peu suivant les constructeurs.

Le système d'expulsion de la gerbe liée est, comme toutes les autres parties de la moissonneuse (scie, transporteurs, tasseurs, aiguille et noueur), actionné par le mouvement de la roue porteuse. Sa transmission n'agit qu'au moment où le nœud est formé : deux ou trois *bras éjecteurs*, tournant autour de l'axe horizontal avant arrière qui commande aussi le noueur (fig. 79), chassent alors la botte de la table de liage dont les *planchettes de déchargement* s'abaissent au même instant (immédiatement après elles reprennent, ainsi que le verrou, leur position première — afin de retenir les tiges amenées sur la table de liage pour une nouvelle gerbe).

Autres pièces.

Au lieu de tomber directement sur le sol, les bottes lancées de la table de liage par les bras éjecteurs sont souvent reçues dans un *porte-gerbes* que l'on vide à intervalles réguliers par le moyen d'une pédale.

Cette manière de faire a deux avantages importants :

1° elle diminue l'égrenage;

2° elle rend plus rapide l'édification des dizeaux, douzeaux ou tas analogues.

Toutefois beaucoup de conducteurs emploient le porte-gerbes seulement au voisinage des coins : si cette précaution n'était prise, les bottes abandonnées en ces endroits pourraient être foulées par l'attelage ou la machine pendant le mouvement de recul nécessaire à la reprise du travail sur le second côté de l'angle.

Comme pièces accessoires de toutes les lieuses, citons encore :

le *paravent*, sorte de panneau entoilé, placé vertica-

Fig. 74. — Moissonneuse lieuse en action.
Cette lieuse a la coupe à gauche. En France on utilise surtout la coupe à droite.

lement à l'arrière du tablier, et que l'on baisse quand
la longueur des céréales récoltées l'exige,

la *boîte à ficelle* où l'on peut placer deux pelotes
que l'on réunit bout à bout,

enfin le *chariot de transport* qui sert à déplacer la
moissonneuse sur les chemins dans le sens de sa plus
petite dimension; ce chariot est en réalité fait de deux
roues indépendantes que l'on fixe perpendiculaire-
ment à la roue porteuse, l'une en avant, l'autre en
arrière du bâti.

Différentes sortes de lieuses.

En dehors des variations de détail qui carac-
térisent les diverses marques, les moissonneuses
lieuses employées en France, ne diffèrent que par la
largeur de coupe. La plupart, qui peuvent être tirées
par deux chevaux, travaillent 1 m. 50; certaines, cependant, ont une barre longue de 1 m. 80, 2 m. 10
et même 2 m. 40.

Les moissonneuses lieuses d'épis, sensiblement autres que les précédentes sont assez répandues dans
l'Afrique du Nord (Maroc, Algérie, Tunisie).

[CHAPITRE XI

RÉCOLTE DES TUBERCULES ET DES RACINES

Les plantes cultivées pour leurs parties souterraines sont généralement issues d'un ensemencement en lignes assez écartées, mais elles se divisent en deux catégories bien distinctes par le mode de répartition dans le sol des organes végétatifs exploités :

chez les unes chaque pied donne des *tubercules* nombreux, totalement enfouis en une sorte de touffe irrégulière plus ou moins étendue : c'est le cas de la pomme de terre et du topinambour;

chez les autres les organes à récolter sont des *racines* isolées, dont le collet dépasse le sol d'une quantité variable : c'est le cas de la betterave, de la chicorée à café, de la carotte, du navet, etc.

On conçoit que les procédés d'arrachage soient différents pour les deux sortes de produits; en conséquence nous étudierons successivement la récolte des tubercules et la récolte des racines.

ARRACHAGE DES TUBERCULES

Les pommes de terres se récoltent en une fois quand les tiges et les feuilles sont toutes complètement flétries, à une date qui dépend d'ailleurs de la variété, de la nature du sol et aussi, évidemment, des conditions météorologiques qui ont régné durant le développement des plantes. L'arrachage est suivi d'un « ressuyage », nécessaire à la bonne conservation des tubercules; après quoi, ceux-ci sont mis en sacs par catégories, et rentrés ou livrés.

Les topinambours ne sont, à l'inverse, déterrés qu'au fur et à mesure des besoins, pendant une période qui s'étend de novembre à mars; ils ne se conservent en effet que deux ou trois semaines en cave ou en silo, mais peuvent séjourner dans le sol sans s'abimer, longtemps après le noircissement des fanes par les premières gelées.

Les tubercules de la pomme de terre sont parfois très diffus, ce qui rend difficile leur récolte intégrale.

Ceux du topinambour sont mieux groupés à la base de la tige.

Malgré ces différences, les travaux de déterrage sont analogues pour les deux espèces.

Ils mettent en œuvre :

      soit des outils maniés *à bras* d'homme,
      soit une *machine* tirée par un attelage.

ARRACHAGE A BRAS

La récolte à bras des pommes de terre et des topinambours se fait au moyen des outils dont nous avons parlé à propos des labours : la bêche ou la fourche à dents plates, la houe ou mieux le croc, sorte de houe fourchue à dents pointues ou larges du bout (C, fig. 1).

L'ouvrier soulève la touffe avec son engin, puis saisit les tiges près de leur base pour dégager et rassembler les tubercules. Afin de ne laisser en terre aucun de ceux-ci, il fouille ensuite le sol de quelques coups de croc supplémentaires.

Le travail est lent et très coûteux, mais abandonne un minimum de produits non récoltés.

ARRACHAGE A LA MACHINE

Le déterrage des tubercules à l'aide de machines attelées utilise :

ou des instruments que nous avons déjà décrits : les charrues et les butteurs,

ou des appareils spécialement destinés à cet usage et que l'on nomme arracheurs de pommes de terre.

Lorsqu'on emploie une charrue, celle-ci est réglée de telle sorte que le plan des étançons soit — non pas vertical comme pour un labour — mais oblique, le sep étant déporté vers la droite par rapport à l'âge. On la fait passer, naturellement dans le sens des lignes, de telle sorte que le soc agisse au dessous même des touffes de tubercules; ce procédé à l'inconvénient de laisser une part importante de la récolte dans le sol.

A cet égard le butteur est préférable. On le conduit suivant l'axe des buttes, de manière à les ouvrir par le milieu.

Beaucoup de constructeurs fabriquent des pièces à claire-voie (ou même faites de simples tringles métalliques) que l'on substitue au versoir de la charrue, ou aux oreilles du butteur, pour mieux adapter la machine à la récolte des pommes de terre : ces pièces trient, en quelque sorte, la masse retournée et séparent les tubercules de la terre qui leur est mélangée.

Arracheurs de pommes de terre.

Ces appareils sont de deux sortes : les arracheurs à grille et les arracheurs à fourches.

Les arracheurs à grille travaillent au moyen d'une pièce inerte, à peu près horizontale, tirée en profondeur, que prolonge à l'arrière une claire-voie (très variable suivant le type considéré) chargée d'extraire les tubercules du sol pour les déposer à sa surface.

Tantôt la grille est immobile et la machine a l'aspect d'une sorte de buttoir, dont le soc serait presque plan, et dont les oreilles ajourées seraient très peu inclinées l'une sur l'autre (fig. 80). Dans ce cas une seconde pièce, de forme à peu près identique, suit généralement le premier corps déterreur et complète la séparation de la terre et des tubercules.

Fig. 80.

Tantôt les rayons extérieurs de la grille sont seuls fixes, les rayons médians sont animés de secousses par une roulette carrée qui soutient la machine à l'arrière (fig. 81).

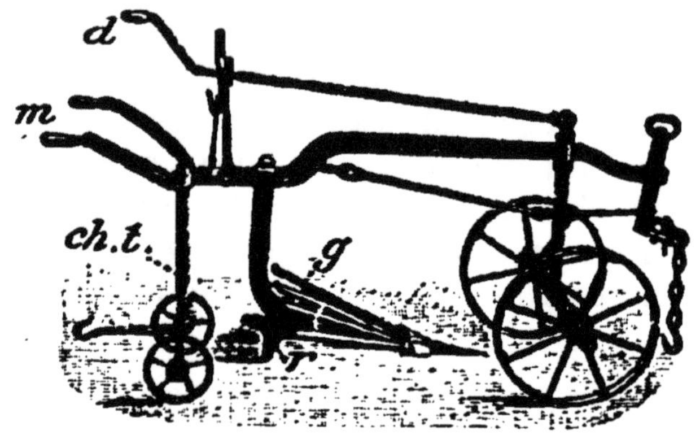

FIG. 81. — ARRACHEUR A GRILLE OSCILLANTE
(*Position de transport*, le chariot *ch.t.* est enlevé pour le travail).
Quand la machine est en action, la roulette en étoile *r* agite les rayons médians de la grille *g*. La direction se fait par le gouvernail *d* qui commande l'avant-train. Les mancherons *m* servent au déterrage à bout de rang.

Tantôt enfin toute la claire voie est mobile et constitue un véritable nettoyeur. Parfois même, alors, elle est montée en élévateur et permet de recueillir les tubercules dans des paniers, pour ensuite les mettre en tas pour le ressuyage ou les charger directement dans les voitures d'enlevage.

Les arracheurs à fourches attaquent la butte dans le sens transversal au moyen de pièces à dents qui reproduisent, somme toute, le travail du croc dans le déterrage à bras d'homme.

La machine, qui exige deux chevaux pour sa traction, est généralement pourvue d'un *siège*.

Les *deux roues* — dont l'écartement est réglable afin qu'elles puissent rouler entre les lignes quel qu'en soit l'intervalle — actionnent, par des *engrenages conti-*

ques multiplicateurs, un *arbre* horizontal orienté d'avant en arrière et dont la hauteur au-dessus du sol est déterminée par le *levier de profondeur.*

Cet axe longitudinal, tournant assez rapidement, commande le mouvement des *fourches* qui agissent en arrière de l'appareil. Quelquefois les fourches sont fixées rigidement sur l'axe moteur, à la façon des rais d'une roue de voiture. Dans la plupart des arracheurs, cependant, elles sont montées et articulées de telle sorte qu'elles demeurent parallèles à elles-mêmes (ou, au moins, sensiblement verticales) pendant toute leur course (fig. 82), et en particulier pendant leur passage dans le sol.

Fig. 82. — ARRACHEUR A FOURCHES.
La machine passe à cheval sur un rang de pommes de terre.
La large pelle visible en bas à l'arrière sépare la butte du sol sousjacent. Les fourches sont maintenues à peu près verticales (grâce à leur articulation sur les bras qui les entraînent) par leur manche.

Les pommes de terre de chaque rangée de plantes, projetées hors du sol par les fourches avec une assez grande vitesse, se répandent sur une large bande de terrain : certaines peuvent être recouvertes à l'un des passages suivant, et perdues; en tout cas, la récolte étant répartie sur toute la surface du champ, le ramassage est plus lent que dans les autres procédés. Pour éviter ces deux inconvénients, on rassemble les tubercules dans l'interligne voisin en les arrêtant par un dispositif convenable, placé sur le côté et en arrière de la machine, au niveau de la zone d'action des fourches ; ce dispositif, qui doit bien grouper les pommes de terre sans toutefois les meurtrir par un choc trop violent, est très fréquemment un simple *filet de corde*, à larges mailles, tendu verticalement à gauche du système des fourches (dans le cas de la fig. 82).

ARRACHAGE DES RACINES

La date d'exploitation des plantes-racines est extrêmement variable étant donné le nombre considérable des espèces et des variétés cultivées ; autant que possible, on le fait coïncider avec le moment où le produit à l'hectare est maximum, mais des considérations culturales ou autres peuvent la faire modifier : on est souvent obligé, par exemple, de l'avancer afin que la préparation du sol pour la culture suivante puisse être menée à bien en temps voulu. Quoiqu'il en soit on se règle, en général, pour apprécier la maturité de la récolte, sur l'aspect des fanes — c'est-à-dire des tiges et des feuilles.

ARRACHAGE A BRAS

L'arrachage non-mécanique est le seul employé pour la récolte des racines qui procèdent d'un semis à la volée et de celles dont l'extraction est aisée.

Même pour celles qui pénètrent profondément dans le sol et sont en conséquence difficiles à déterrer, il est encore actuellement le plus usité malgré sa lenteur et son prix de revient élévé.

Quand la plante ne pivote pas beaucoup et quand elle donne une prise commode (soit par ses tiges résistantes, soit par son collet très développé) l'arrachage se fait simplement à la main.

Dans les autres cas les ouvriers se servent d'un outil avec lequel ils soulèvent les racines. Cet outil — porté sur un manche très court — est suivant les régions un croc, une fourche à deux dents plates, ou une bêche à fer long et étroit (louchet); on l'enfonce d'une main à quelques centimètres de la racine, et on lui imprime un mouvement de bascule qui dégage la racine de ce que l'on pourrait appeler son alvéole, l'autre main saisit alors la plante par la base des feuilles, l'enlève et la secoue pour faire tomber le plus gros de la terre entrainée.

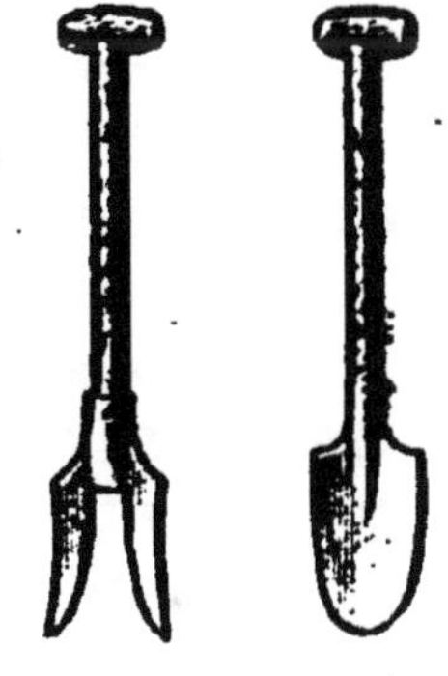

Fig. 83. — Fourche et louchet à betteraves.

Lorsqu'il y a lieu à décolletage, par exemple pour les betteraves sucrières ou la chicorée à café, cette opération est effectuée par d'autres ouvriers, munis de couteaux ou de serpettes. C'est un travail assez précis: si en effet la section est faite trop près des feuilles, le produit est déprécié et l'industriel réduit son prix d'achat; si au contraire elle est pratiquée trop bas, la quantité des racines à vendre se trouve diminuée.

ARRACHAGE A LA MACHINE

Les carottes, sont souvent, très rapidement arrachées à la main après qu'on a fait passer le long des lignes une charrue privée de son versoir : l'action du soc soulève les racines et rend leur extraction plus aisée.

Les arracheurs de racines proprement dits sont destinés à la récolte des betteraves sucrières. (Il en existe également pour celle de la chicorée à café.)

Le but de ces appareils est :

soit simplement de *dégager les betteraves de leur alvéole* en rompant les radicelles qui les attachent solidement à la terre : l'arrachage lui-même se fait ensuite facilement à la main ;

soit de *sortir complètement les racines du sol.*

Les machines de la première catégorie sont les arracheurs à soc et les arracheurs à fourche.

Les arracheurs à soc sont très durs de traction : leur pièce travaillante chemine en effet très profondément dans le sol, afin de passer en-dessous des betteraves.

Cette pièce — large de quelques centimètres seulement et inclinée dans le sens longitudinal de telle sorte que son extrémité arrière soit plus élevée que l'antérieure — est reliée au bâti par un étançon robuste. Celui-ci est naturellement recourbé à la partie inférieure, de manière à ne pas toucher les racines sous lesquelles agit le soc.

Les arracheurs à fourche sont plus faciles à tirer que les précédents, leur organe actif pénétrant à une profondeur beaucoup moindre.

Cet organe est une fourche (*f*, fig. 85), dont les deux dents — indépendantes et portées chacune par un étançon oblique — sont inclinées la pointe en bas et plus rapprochées l'une de l'autre à l'arrière qu'à l'avant.

On comprend aisément le fonctionnement du dispositif : la machine est conduite de manière telle que les étançons passent l'un à droite l'autre à gauche de la ligne de betterave à arracher ; les racines, encadrées par les deux pointes de la fourche, sont prises un peu au-dessus de leur milieu entre ses branches et soulevées de quelques centimètres par l'effet de l'inclinaison et du rapprochement postérieur de celles-ci ; elles retombent ensuite, libres, dans leur logement d'où elles seront enlevées sans difficulté par les ouvriers décolleteurs.

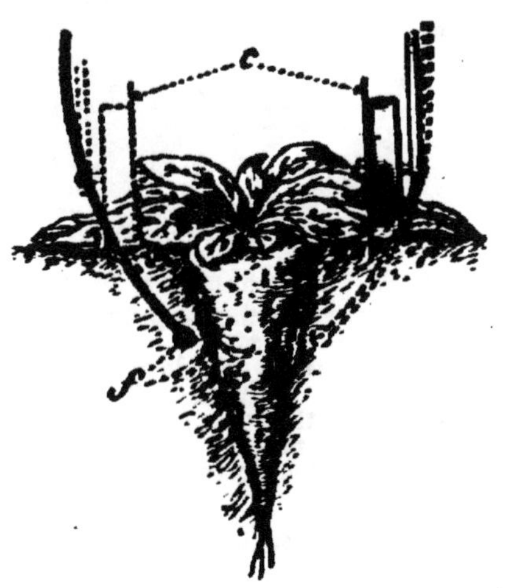

Fig. 84. — Schéma du *Travail d'un* ARRACHEUR A FOURCHE.
c, disques coupe-feuilles.
f, dents de la fourche.

Les arracheurs que nous venons de décrire n'ont qu'une pièce travaillante et sont, par suite, des arracheurs à un rang. Leur *bâti* est soutenu à la partie antérieure par un système de deux roues qui pivote autour d'un axe vertical : c'est sur cet *avant-train* que l'on agit pour diriger l'appareil ; la conduite par les *mancherons* est très pénible, ils ne servent que pour déterrer la fourche et supporter l'arrière de l'arracheur pendant les tournées.

On construit aussi des arracheurs à deux et à trois rangs, aussi bien du type à socs que du type à fourches.

FIG. 85. — ARRACHEUR DE BETTERAVES.

f, fourche arracheuse précédée de deux disques coupe-feuilles.

d, gouvernail de direction agissant sur l'avant-train (celui-ci fait de deux lourdes roues de fonte pour éviter le cabrage de la machine). — *m*, mancherons de déterrage.

ch.t., chariot de transport.

Ils sont dépourvus de mancherons : la direction se fait toujours par l'avant-train ; le relevage en fin de train s'obtient (comme chez les scarificateurs) par deux roues montées sur un *essieu coudé* que l'on manœuvre à l'aide d'un levier.

Pour la bonne marche de ces appareils multiples — comme pour celle des houes à cheval binant plusieurs intervalles — il importe : 1º que le nombre des fourches ou socs soit un sous-multiple du nombre de rayons qu'avait le semoir, 2º de commencer l'arrachage au début même d'un train d'ensemencement. S'il n'en était ainsi on travaillerait à certains passages des lignes de plantes appartenant à deux trains consécutifs du semoir; la machine, conduite de façon à arracher convenablement les rangs de l'un des trains, bouleverserait par moment ceux de l'autre et abimerait de nombreuses racines.

La pièce essentielle de beaucoup d'appareils de la seconde catégorie (extraction complète des racines hors du sol) est encore une *fourche*. Ses branches sont toutefois plus développées vers l'arrière et relevées dans cette région au point d'être en partie hors du sol pendant le travail. Elle agit comme nous l'avons expliqué tout à l'heure mais, au lieu d'abandonner les racines et de les laisser retomber après les avoir seulement soulevées — comme fait une fourche courte, — elle les extrait complètement de leur alvéole (fig. 86).

Certains constructeurs, tout en conservant le principe de la fourche, remplacent les dents à section circulaire de celle-ci par des pièces planes d'assez grande dimension transversale, et de forme très variée d'ailleurs. Ces *plaques*, dont l'orientation générale est analogue à la position des branches d'une fourche proprement dite, sont en outre plus voisines à leur bord inférieur qu'à leur bord supérieur; elles constituent, en somme, une sorte de gouttière inclinée, sans fond et à parois obliques, qui assure l'arrachage des racines qu'elle enserre.

Les arracheurs à disques sont, en apparence, fort différents des précédents; en réalité, leur action est tout à fait du même genre. L'obliquité des axes autour desquels tournent les disques est en effet telle que ceux-ci limitent, à leur partie inférieure (seule agissante) un espace identique à la gouttière définie ci-dessus par les plaques — c'est-à-dire rétréci en bas et en arrière.

Les arracheurs qui déterrent complètement les betteraves sont souvent munis d'un *coupe-collets*, qui travaille en avant de la fourche (fig. 86), et parfois d'un *décrotteur* qui nettoie les racines après leur extraction du sol.

FIG. 86. — ARRACHEUR-DÉCOLLETEUR *pour deux rangs.*

A certains même est adjoint un *chargeur* qui élève les betteraves et les déverse dans un tombereau tiré par un deuxième attelage.

Les arracheurs non pourvus d'un coupe-collets peuvent être précédés d'un décolleteur indépendant, machine dont le nom indique suffisamment l'usage.

LIVRE IV

PRÉPARATION POUR LA VENTE

(Ch. XII, XIII et XIV.)

En dehors des récoltes vendues sur pied, et que l'acheteur enlève le plus souvent lui-même, très peu de produits agricoles sont livrés au commerce ou à l'industrie sans être, de la part du cultivateur, l'objet d'une préparation.

Tel est cependant le cas des fruits et du lait, et également si l'on veut celui des légumes — qui sont simplement « parés » pour le marché.

Il semble qu'il en soit aussi de même pour les pommes de terre, les betteraves et le fourrage. En fait : les premières sont triées avant l'ensachage, les secondes sont décolletées, le dernier est tranformé en foin; toutefois, ces opérations s'effectuant sur le champ ou sur la prairie immédiatement après l'arrachage ou la coupe, on peut les considérer comme des travaux de récolte.

Par « travaux de préparation pour la vente » nous entendons donc ceux qui, s'adressant à des produits rentrés à la ferme, ont pour but :

soit de leur donner la forme commerciale,

soit d'augmenter leur valeur marchande,

soit de les rendre transportables plus facilement ou à de meilleures conditions.

Les plus importants de ces travaux sont :

l'*égrenage* des céréales et des autres plantes cultivées pour leur graine.

le *nettoyage* et le *triage* des grains.

le *bottelage* et la *compression* des pailles et des foins.

CHAPITRE XII

ÉGRENAGE

La séparation des graines et des pailles s'obtient par le *dépiquage* ou par le *battage*; celui-ci s'exécute lui-même — soit au fléau, manié à bras d'homme, — soit à l'aide d'une machine ou batteuse actionnée par un moteur quelconque.

L'égrenage mécanique est de beaucoup le plus répandu actuellement. Nous ne dirons que quelques mots des deux autres procédés (1).

DÉPIQUAGE

Le dépiquage est surtout pratiqué dans les pays méridionaux où l'égrenage est plus facile que dans les régions humides, d'abord en raison de la sécheresse même du climat, ensuite à cause de la faible

---

(1) et nous ne ferons que citer l'*égrenage au peigne* employé pour quelques graines, comme le lin, le chanvre, etc...

proportion de paille dans les récoltes. On l'emploie cependant aussi, en Belgique par exemple, pour le travail de l'orge de brasserie qui pourrait être dépréciée par le battage à la machine.

La céréale étant déliée puis étendue en couche uniforme sur une aire plane et non poussiéreuse, on en froisse les tiges par des moyens divers qui séparent plus ou moins complètement le grain du reste de la plante.

Parfois ce résultat est obtenu tout simplement en faisant piétiner le produit par des chevaux ou des mules.

Souvent on préfère atteler les animaux à des **dépiqueuses,** sortes de traineaux dont la face inférieure (qui porte sur la céréale à traiter) est garnie d'aspérités nombreuses constituée dans certains pays par des éclats de silex.

Enfin, dans de nombreux cantons ,on se sert de **rouleaux** que l'on fait passer dans le sens de la longueur des tiges, celles-ci étant toutes orientées de la même façon sur l'aire; suivant la nature et le poids du rouleau on les attaque par les épis ou par le pied des chaumes. Les rouleaux employés sont lisses, ondulés, « squelettes », ou à surface hérissée de saillies plus ou moins pointues; leur forme, généralement cylindrique, est quelquefois tronconique.

Après plusieurs secouages à la fourche — suivis chacun d'un nouveau piétinage ou d'une nouvelle action de la dépiqueuse ou du rouleau —, la paille est enlevée et le grain balayé; on étend une autre couche de tiges et on recommence l'opération.

BATTAGE AU FLÉAU

Le battage au fléau présente quelques avantages.

1° il ne brise pas la paille et lui conserve toute sa valeur; elle peut être vendue à un bon prix comme litière pour les écuries de luxe, ou utilisée pour la confection des liens ou la couverture des meules;

2° il sépare en premier lieu les grains les plus volumineux, ce qui permet de les isoler des autres sans recourir à une opération spéciale; il y a là, en quelque sorte un procédé naturel de sélection, ces grosses graines étant les meilleures pour la semence;

3° le grain n'est pas fendillé — comme il arrive parfois à une partie importante de celui qui sort de la batteuse (quand le contre-batteur est mal réglé) —, ce qui est une circonstance favorable à la germination.

Malgré ces qualités le battage au fléau n'est plus que très peu usité en raison de sa lenteur et des mauvaises conditions hygiéniques dans lesquelles il place les ouvriers. En dehors des très petites exploitations, son domaine se restreint : 1° à l'obtention du « gluy » (paille de seigle destinée à la fabrication des liens) et parfois des semences, 2° à l'égrenage de quelques plantes que pour des raisons diverses on ne bat pas à la machine (sarrasin, pois, colza, cameline, etc..)

On peut en rapprocher le battage à la gaule, qui n'intéresse que de rares espèces et de faibles quantités de produits.

Il est à peine nécessaire de décrire le fléau. Cette

machine très simple se compose d'un *manche* que l'on saisit à deux mains, et d'une *batte* de bois, articulée de façon très mobile sur le manche, dont on frappe les javelles sur toute leur longueur.

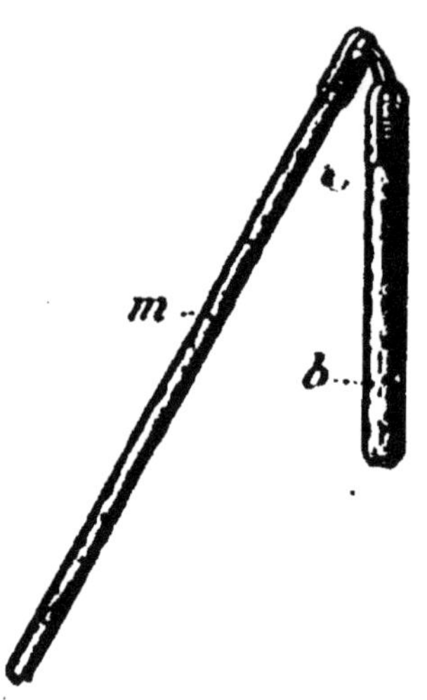

Fig. 87. — Fléau.
m, manche.
b, batte.

L'opération se fait, en général par équipes : — soit au champ même, et alors sur une large *bâche* quand une perte de graine est à craindre pendant le transport (colza, cameline, etc..), — soit à la ferme, sur une *aire* d'argile damée, ou mieux sur une *plancher* bien jointoyé qui donne moins de poussière et facilite le travail par son élasticité.

Les javelles reçoivent sept ou huit « battées » dans l'intervalle desquelles on les secoue et les retourne. Quand la séparation de la paille et du grain est jugée suffisante, on enlève la première à la fourche en la secouant longuement une dernière fois puis on dégage l'aire du second, à l'aide de pelles en bois ou de balais.

BATTAGE A LA MACHINE

Sans parler de leur aspect extérieur et du moteur qui les anime, les batteuses actuelles sont extrêmement diverses; elles diffèrent, non seulement par leur débit (c'est-à-dire par la quantité de céréales qu'elles travaillent en un temps donné) mais encore par l'état de pureté du grain qu'elles délivrent. Malgré cette variété leurs organes essentiels, ceux qui déterminent l'égrenage, sont à très peu de chose près toujours les mêmes. Ces organes sont un *batteur* et un *contre-batteur* entre lesquels les épis sont violemment froissés.

Batteur et contre-batteur.

Le batteur est un organe mobile, dont la forme générale est celle d'un cylindre de 50 à 60 centimètres de diamètre, et qui tourne très rapidement autour de son axe disposé horizontalement (*B*, fig. 88).

On distingue, suivant la nature de leurs aspérités, les batteurs à battes et les batteurs à pointes.

Dans les *batteurs à battes* les pièces saillantes sont six ou huit barreaux ou cornières métalliques, montés solidement dans une position parallèle à l'axe de rotation; suivant que les intervalles qui séparent les battes sont vides ou garnis de tôles qui évitent l'enroulement des pailles autour de l'axe du batteur, celui-ci est dit « à claire-voie » ou « plein ». Dans les *batteurs à pointes* les pièces saillantes sont de nombreuses chevilles ou dents, de forme très variable, disposées en hélices à la surface d'un cylindre de tôle continu.

Quel que soit le type du batteur, sa vitesse de rotation est considérable : il tourne, en moyenne, à raison de 1.000 révolutions par minute, ce qui représente une allure périphérique de près de 30 mètres à la seconde, ou de *100 kilomètres à l'heure*. Ce chiffre explique les accidents qui résultent d'une rupture de batteur et la gravité des mutilations dont sont trop fréquemment victimes les engreneurs.

Le contre batteur (C, fig. 88) est une grille concave, placée à quelques centimètres du batteur, et garnie de saillies qui s'opposent aux siennes et produisent le froissement des épis.

Quand le batteur est à pointes, ces parties en relief sont parfois elles aussi, des *chevilles*. Le plus souvent cependant, même dans ce cas, ce sont des *balles* formées par les barreaux transversaux de la grille, barreaux qui dépassent le niveau des autres.

Le contre-batteur est fixe pendant le travail, mais sa distance au tambour tournant peut être réglée à volonté : dans ce but l'un de ses bords (celui qui est voisin de

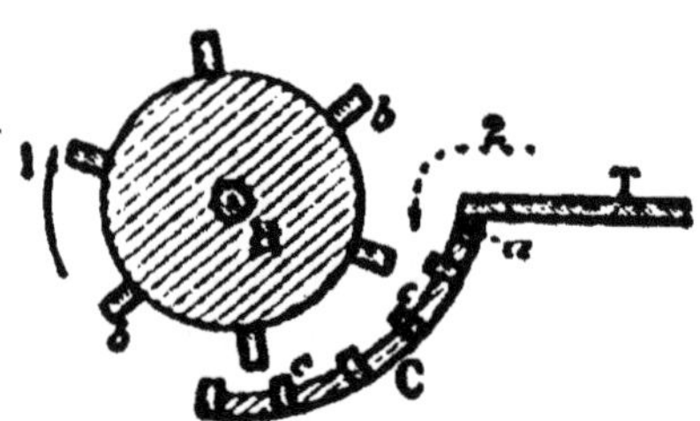

Fig. 88. — Batteur et CONTRE-BATTEUR (coupe).

B, batteur, b, balles. — C, contre-batteur, c, contre-balles. — a, articulation du contre batteur et de la table d'engrenement T.
1, sens de rotation du batteur; *2*, introduction de la céréale par l'engreneur.

la table d'engrenement) est articulé sur une charnière horizontale (*a*, fig. 88), l'autre peut être approché ou éloigné du batteur. De ce réglage dépend, pour beaucoup, le bon fonctionnement de la machine : — si, en effet, le contre-batteur est trop écarté du batteur, le travail est rapide mais imparfait : les épis sont incomplètement battus ; — s'il en est à l'inverse trop voisin, le moteur peine et les balles s'usent pour accomplir une besogne nuisible : le concassage d'une partie importante du grain. Il importe donc de se tenir dans un juste milieu.

Suivant la manière dont les céréales sont introduites entre le batteur et le contre-batteur, le battage s'effectue en bout ou en travers.

Dans le *battage en bout* les tiges sont engrenées dans le sens de leur longueur, les épis les premiers : la paille est naturellement très brisée. Le batteur peut, sans inconvénient, être très court : on en fait depuis 35 centimètres.

Dans le *battage en travers*, les tiges sont étalées sur la table parallèlement à l'axe du tambour et « passées » dans cette position, c'est-à-dire dans le sens des battes : la paille sort à peu près intacte. La longueur du batteur ne peut guère être inférieure à celle des plus hautes récoltes de l'exploitation, elle lui est généralement à peu près égale; en France on lui donne en moyenne 1 m. 50; à l'étranger, en Angleterre notamment, la dimension des battes est souvent plus faible.

La distinction de batteuses en bout et de batteuses en travers n'a qu'une importance très relative, puisqu'elle n'intéresse que l'état de la paille à sa sortie de l'appareil (1).

Il nous semble préférable de classer les machines à battre, d'après le traitement qu'elles font subir à la céréale. A cet égard nous examinerons successivement

1° les *batteuses simples*;

2° les *batteuses nettoyantes*.

Les premières, qui ne font que séparer assez grossièrement le grain de la paille, ne se rencontrent plus guère que dans les petites fermes. Elles sont encore très répandues dans certaines de nos régions; dans nos départements de l'Ouest, en particulier, les entrepreneurs de battage eux-mêmes se servent de ces matériels rudimentaires.

Les secondes débarrassent plus ou moins le grain

---

(1) P. 201.

des impuretés qui lui sont mélangées. Certaines même donnent un grain marchand complètement trié, et même parfois classé : ce sont les batteuses des grandes exploitations, des coopératives et des entrepreneurs.

BATTEUSES SIMPLES

Les moins compliquées des machines à battre se réduisent au *batteur* et au *contre-batteur*, portés sur un *bâti* de bois monté sur quatre pieds.

Une *table d'engrènement* soutenue de la même manière sert pour l'alimentation commode du batteur : un aide y dépose les gerbes déliées, l'engreneur les étale en couche mince et uniforme puis les pousse aussi régulièrement que possible entre le tambour et le contre-batteur. La plus grande partie du grain tombe sous l'appareil, mais une quantité non-négligeable est entraînée par la paille : en même temps qu'on enlève celle-ci, il faut la secouer activement — ce qui exige une nombreuse équipe d'ouvriers munis de fourches.

Dans le but de réduire le personnel nécessaire, beaucoup de batteuses simples sont complétées par des *secoueurs*.

Les petites batteuses à bras sont

FIG. 89. — BATTEUSE A BRAS.

des machines « en bout », sans secoueurs, actionnées par deux hommes robustes agissant sur des manivelles. On les munit en général d'un batteur à pointes qui, à débit égal, demande une puissance moindre, et d'un volant qui régularise l'effort à dépenser. Malgré cela elles imposent un travail des plus pénibles aux manœuvres-moteurs.

La plupart des batteuses simples à manège ou à moteur fonctionnent « en bout » et sont dotées de secoueurs; elles ne diffèrent que par leur débit ou, comme l'on dit, improprement, par leur force. Ayant étudié en détail, dans un autre ouvrage de cette collection (1), la Force motrice à la Ferme, nous dirons simplement ici :

que les *manèges* — mus dans la majorité des cas par des chevaux — sont à axe vertical (manège à terre ou manège en l'air) ou à axe horizontal (manège à plan incliné),

et que les *moteurs* — indépendants de la batteuse ou faisant corps avec elle — sont d'un type quelconque (locomobile, moteur à essence, etc.), et d'une puissance de 2 à 5 HP.

BATTEUSES NETTOYANTES (2)

Les batteuses simples à secoueurs font un travail assez grossier : elles divisent la céréale traitée en

---

(1) L'AMÉNAGEMENT DE LA FERME, ch. I : *la Force motrice*, pages 31 à 71.

(2) Nous ne parlerons que des batteuses pour céréales; les batteuses pour légumineuses (« batteuses à trèfle ») sont des machines d'entrepreneurs ou de producteurs de graines fourragères, et non des machines d'emploi courant dans les fermes.

trois lots qui sont loin d'être constitués, chacun, par une seule catégorie de produits.

Si nous laissons de côté la *paille* — en admettant qu'elle entraîne, après le secouage, trop peu de grains pour que la récupération de ceux-ci puisse être économiquement envisagée —, nous trouvons :

d'une part, *sous le contre-batteur*, la majeure partie du grain, mais aussi des bales, des fétus de paille, des graviers, et des poussières,

de l'autre, *sous les secoueurs*, le reste du grain, des ôtons (épis ou fragments d'épis plus ou moins imparfaitement battus) et en outre des débris végétaux et des éléments minéraux analogues à ceux qui ont traversé le contre-batteur.

L'objet des batteuses nettoyantes est de réunir tout le grain, et d'en séparer une partie ou la totalité des impuretés qui lui sont mélangées.

Suivant les organes de ces machines (et, par suite, le degré d'épuration du grain délivré), nous distinguerons :

1º les batteuses à simple nettoyage,
2º les batteuses à double nettoyage.

Batteuses à simple nettoyage.

Les batteuses à simple nettoyage sont rarement établies à poste fixe, mais au contraire presque toujours montées sur deux ou mieux quatre *roues* qui permettent de les déplacer sur les chemins.

Le *bâti* — qui doit être solide et surtout très rigide pour n'être pas disloqué en peu de temps par les oscillations qu'il subit — est quelquefois entièrement métallique. La construction en bois, avec pièces métalliques d'entretoisement et de consolidation, est cependant la règle en France.

Les organes du nettoyage devant trouver place sous le contre-batteur et les secoueurs, la machine est assez élevée (2 mètres à 2 m. 50); la *table d'engrènement* en forme généralement le toit *T*. Pendant le travail, l'ouvrier engreneur prend place sur des tréteaux ou, plus fréquemment, sur un « pont » — planche épaisse attenant à l'un des longs côtés de la batteuse et que l'on peut replier contre elle, pour réduire sa largeur, quand on la déplace (fig. 91).

Le *batteur* est parfois « en bout », la plupart du temps « en travers ».

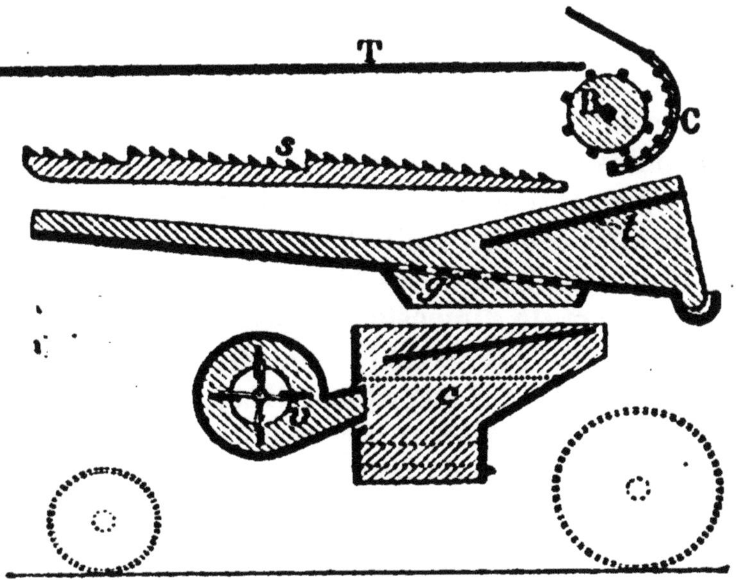

Fio. 90. — *Coupe verticale schématique d'une* BATTEUSE A SIMPLE NETTOYAGE.

En pointillé les roues.
En noir les parties fixes, solidaires du bâti.

Les produits qui traversent le contre-batteur *C* et

ceux qui tombent des secoueurs *s* sont reçus sur deux *tables* inclinées l'une vers l'autre.

Ils se rassemblent sur une *grille* traversée par le courant d'air d'un *ventilateur*.

Tantôt, dans le dispositif le plus simple, le nettoyage s'arrête là. Les éléments lourds (grains, pierrailles, etc.), traversent la grille et sont recueillis sous la batteuse. Les éléments légers (ôtons, bales, etc.) sont soulevés par le vent et évacués à l'extrémité de la machine ; les ôtons en seront extraits par une opération distincte et repassés au batteur.

Tantôt (fig. 90) la grille *g* est à barreaux plus écartés et ne refuse que les longues pailles et les grosses pierres ; tout le reste la traverse et tombe dans un *crible c* qui forme avec le ventilateur *v* un véritable tarare. Comme les tarares indépendants que nous décrirons plus loin, celui-ci divise les produits qu'il reçoit d'après leur poids et leur volume ; ainsi se trouvent séparés : 1° les pierres dont la taille est nettement supérieure ou inférieure à celle du grain ; 2° les poussières, les bales et les coutes pailles ; 3° les ôtons ; 4° le grain (mélangé des graviers de dimension analogue à la sienne). Le grain est souvent conduit vers une buse qui facilite l'ensachage. Quant aux ôtons, ils sont recueillis à part et renvoyés au batteur ; ceci se fait : — soit de temps à autre, au moyen d'une pelle, — soit d'une manière continue par le jeu d'une *chaîne à godets* ou d'un *aspirateur*.

Batteuses à double nettoyage.

Nous avons dit que le grain sortant d'une batteuse à simple nettoyage, même perfectionnée, est mélangé de petites pierres qui ont à peu près son volume. En fait il contient bien d'autres éléments : — d'abord des graines étrangères très variées; — ensuite des grains qui, bien qu'appartenant à l'espèce cultivée, n'en déprécient pas moins la marchandise parce qu'ils sont ou très petits ou cassés.

Le but du deuxième nettoyage est d'enlever ces différents produits et de délivrer un grain de belle qualité marchande.

Les batteuses à double nettoyage sont parfois fixes, et montées sur des charpentes robustes à l'intérieur d'un bâtiment ou sous un hangar. Les organes chargés de parfaire l'épuration du grain peuvent alors être placés en-dessous de ceux qui la commencent (1) : c'est une question d'installation.

Pour les batteuses mobiles, portées sur deux trains de roues, il n'en saurait être évidemment ainsi; la stabilité du véhicule limitant sa hauteur, il faut placer les organes du deuxième nettoyage à l'une des extrémités de la machine et par suite à un niveau plus élevé que la sortie du premier tarare : le grain doit donc être « remonté » entre les deux opérations épurantes. L'aspect général de la batteuse n'est d'ailleurs pas modifié par l'addition de ces organes : ce que nous avons dit à cet égard des machines à simple nettoyage s'applique encore ici (fig. 91) ; ajoutons cependant que le batteur est toujours « en travers ».

Le remontage des grains s'effectue automatiquement et d'une manière continue, grâce à un *élévateur*.

---

(1) et qui sont identiques à ceux des machines précédentes.

Celui-ci est, suivant les constructeurs, — soit une vis d'Archimède inclinée, — soit plus fréquemment, en France du moins, une chaîne à godets ou un projecteur centrifuge (visible à droite de la figure 91, près de la roue).

FIG. 91. — BATTEUSE POUR MOYENNE EXPLOITATION.
A gauche la sortie de la paille (on voit l'extrémité des secoueurs). En avant : le ventilateur et les buses d'ensachage, et au dessus le « pont » sur lequel se tient l'ouvrier engreneur.

Le deuxième nettoyage proprement dit est analogue au premier; comme lui il est constitué par un *crible* fait de plusieurs grilles à secousses et par un *ventilateur*, le tout formant ce que l'on nomme parfois le second tarare.

Certaines batteuses comporte en outre un *ébarbeur* que l'on met hors de cause quand on traite des grains non-vêtus.

Enfin souvent un *trieur* permet de classer le bon grain, selon sa grosseur, en deux ou trois catégories, qui vont à autant de buses d'ensachage distinctes.

FIG. 92. — BATTEUSE A GRAND TRAVAIL.
(*vue du côté des transmissions*).

Dispositifs complémentaires.

Les principaux organes que l'on peut ajouter à la batteuse intéressent les uns l'engrènement, les autres l'évacuation des produits du battage.

Les premiers sont destinés — soit à prévenir les accidents graves auxquels est exposé l'ouvrier engreneur, — soit à faciliter et à régulariser son travail dont dépend la bonne marche de la machine.

La plupart des *dispositifs de sécurité* ont pour objet de mettre la main de l'engreneur dans l'impossibilité d'arriver au contact du tambour-batteur. Le plus simple et le meilleur consiste en une corde ou chaînette fixée par l'une de ses extrémités à une pièce solidaire du bâti de la machine à battre et attachée d'autre part au poignet droit de l'ouvrier; la longueur de ce lien est telle qu'il ne gêne pas l'engreneur mais l'empêche de pouvoir atteindre le batteur par maladresse ou inattention.

Certains *engreneurs automatiques* sont propres à rendre les accidents impossibles ; beaucoup cependant n'ont pour but que d'assurer l'uniformité de l'alimentation du batteur. On les complète parfois par un *monte-gerbes*, tablier sans fin actionné lui aussi, par le mouvement général de la machine, et qui élève jusqu'au niveau du tablier d'engrènement les céréales qu'on y dépose.

Les dispositifs servant à l'évacuation des produits du battage sont :

les *chaînes à godets* qui, lorsque le grain n'est pas ensaché immédiatement, le déversent dans le grenier,

les *propulseurs de balles* qui déposent celles-ci en tas à quelque distance de la machine ou les envoient dans un local spécial,

les *élévateurs de paille* qui permettent la rentrée directe au fenil ou l'édification rapide de meules.

Quand la paille est réunie en bottes, au lieu d'être emmagasinée « en vrac », elle est parfois liée mécaniquement à sa sortie de la machine à battre par une *botteleuse automatique* (fig. 99).

CHAPITRE XIII

NETTOYAGE ET TRIAGE DES GRAINS

Seuls les organes égreneurs (et, si l'on veut, les secoueurs) sont essentiels dans une batteuse : les autres — organes nettoyeurs et, éventuellement, trieurs — sont à proprement parler des machines différentes que l'on a trouvé commode de placer sur le même bâti.

Le nettoyage et le triage des grains présentant un intérêt considérable — et faisant d'ailleurs, très fréquemment, l'objet d'opérations spéciales effectuées au moyen d'appareils indépendants —, nous allons y revenir avec plus de détails.

En principe le nettoyage et le triage sont deux travaux bien distincts. Ils ont pour but :

le *nettoyage* — d'enlever les poussières, les bales, les menues pailles, les petites mottes de terre et les pierrailles,

le *triage* — de séparer les semences étrangères et de classer le bon grain en plusieurs lots, d'après sa grosseur.

En fait, les deux opérations empiètent, si l'on peut dire, l'une sur l'autre.

Quoiqu'il en soit, et pour plus de clarté, nous les étudierons successivement.

NETTOYAGE

Le nettoyage est basé sur les différences de *densité* entre les graines et les impuretés — celles-ci étant les unes plus lourdes, les autres plus légères que celles-là.

Dans quelques régions l'opération est encore parfois manuelle et nécessite le concours du vent.

On peut jeter le grain en l'air à la pelle ou à la fourche à dents serrées, ou le laisser tomber d'un tamis tenu aussi haut que possible. Les graines sont entraînées par le vent plus loin que les pierres et les mottes de terre, et moins loin que les pailles, les bales et les poussières : le produit se répartit en longueur sur le sol (ou sur une bâche qu'on y a étendue), par catégories plus ou moins distinctes, que l'on reprend séparément pour renouveler l'opération. Le nettoyage donne en même temps un triage et même un classage, assez grossiers évidemment.

Fig. 93. — Van.

Autrement on emploie un van, sorte de large panier plat, en forme de coquille, muni de deux anses sur son côté courbe et relevé. Le maniement du van demande une grande habitude : l'ouvrier fait d'abord sauter le blé à quelque hauteur pour le débarrasser de la poussière et des autres produits légers qu'enlève le vent ; puis il le remue à petits coups, pour faire monter à la surface diverses graines comme l'orge et l'avoine, qu'il déverse adroitement par le bord rectiligne du récipient ; enfin il sort le blé lui-même, les pierrailles restant les dernières dans le van.

Il est superflu d'insister sur l'imperfection et surtout la lenteur de tels procédés. Ils sont actuellement partout remplacés par l'emploi du tarare.

TARARES

Le principe du tarare est encore l'entraînement des impuretés légères par un courant d'air ; seulement celui-ci est produit artificiellement en sorte que l'on n'est pas obligé d'opérer à l'extérieur et d'attendre un vent d'intensité favorable.

La machine, dont l'aspect général est bien connu (fig. 94), est montée sur un bâti de bois à quatre pieds muni de deux paires de *poignées* qui servent pour les transports ou déplacements.

Le vent est obtenu par la rotation rapide, à l'intérieur d'un tambour, d'un système de quatre ailettes en bois ou en métal qui constituent le *ventilateur*.

Le grain à vanner — contenu dans une trémie placée au sommet de l'appareil — s'écoule lentement par une ouverture réglable et tombe sur des *grilles* métalliques trépidantes traversées par le souffle du ventilateur. Le courant d'air emmène les produits légers, la plupart des corps lourds sont retenus par la grille supérieure ou traversent la grille inférieure, si bien que le grain délivré ne contient plus que quelques graviers de même grosseur que lui. Suivant le cas, un jeu de grilles est remplacé par un autre; on peut aussi faire varier la vitesse et l'obliquité du vent, et ainsi entraîner certaines graines étrangères; enfin, parfois, un *crible* animé lui aussi de secousses permet de trier un peu plus le grain nettoyé et même de le classer partiellement. En général, d'ailleurs, on donne plusieurs coups successifs de tarare à la même marchandise.

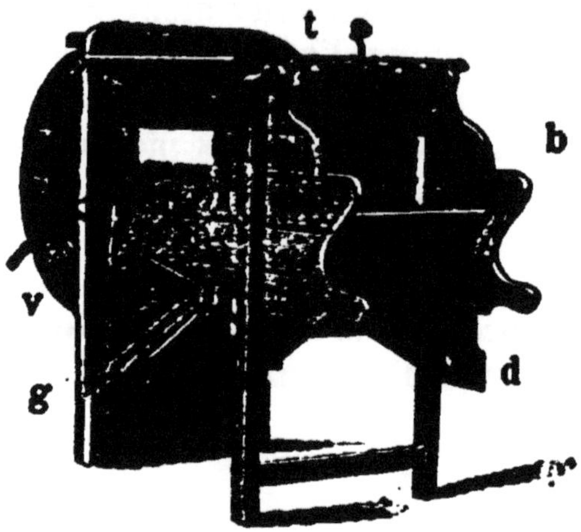

FIG. 91. — TARARE.

t, trémie d'alimentation; on voit la petite manivelle de la vanne distributrice d'où le grain tombe sur des grilles trépidantes (suspendues à des chaînes). — *v*, ventilateur.

b, sortie des balles et poussières entraînées par le vent; *d*, sortie des déchets séparés par les grilles; *g*, sortie du grain nettoyé.

Les pièces mobiles sont actionnées à bras d'homme, grâce à une *manivelle* : des engrenages multiplicateurs de vitesse font tourner le ventilateur, et une bielle articulée sur l'axe de ce dernier fait osciller rapidement les grilles et le crible.

Les tarares constituant les organes de nettoyage des batteuses sont établis de la même manière; seul le mode de commande des parties mobiles diffère : l'arbre du ventilateur est terminé par une poulie qu'attaque une cou ...oie, les grilles sont mues par une tige à collier d'excentrique.

TRIAGE

Le triage est basé sur les différences de *volume* et de *forme* entre le bon grain, d'une part, et les semences de petite taille ou étrangères, de l'autre.

Les machines qu'il met en œuvre sont les cribleurs et les trieurs.

CRIBLEURS

Le tamis est le plus simple de ces appareils.

C'est un récipient de grande surface, dont le fond est fait d'une toile métallique à fils plus ou moins serrés (ou d'une tôle percée de trous plus ou moins larges), et dans lequel on place le produit à traiter. On agite à la main, dans le sens horizontal, pour que tous les éléments viennent à plusieurs reprises au contact de la toile : les uns, dont les dimensions sont inférieures à celles des mailles, la traversent; les autres, au contraire, ne passent pas : c'est le « refus ».

Au point de vue qui nous occupe, l'emploi du tamis ne peut être économiquement envisagé que dans de rares cas, — par exemple pour trier des graines très fines qui, même sous un petit volume, sont très nombreuses et représentent la quantité nécessaire au semis d'une aire assez étendue.

Les cribleurs ne sont pas autre chose que des tamis perfectionnés, à grand débit.

Les cribleurs rotatifs sont seuls répandus chez nous,

Leur aspect extérieur est analogue à celui des trieurs (voir fig. 98).

L'organe principal est un *cylindre* de tôle perforée, un peu incliné sur l'horizontale, et auquel l'on communique un très lent mouvement de rotation autour de son axe par le moyen d'une *manivelle* agissant sur des engrenages démultiplicateurs de vitesse.

A la faveur de l'obliquité et de la rotation de ce cylindre, le grain y progresse lentement depuis l'extrémité haute (où se trouve la trémie distributrice), jusqu'à l'extrémité basse (où le refus tombe sur le sol ou dans un récipient quelconque).

Si l'espèce de tamis tournant que constitue le cylindre portait des trous tous identiques, il ne diviserait

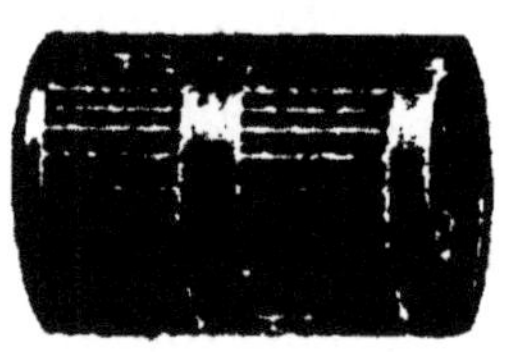

Fig. 95.
Compartiment
de CRIBLEUR ROTATIF.

le produit travaillé qu'en deux parties — comme fait un tamis plan ordinaire —, mais en général il est formé de zones successives dont les perforations diffèrent par la forme ou les dimensions (les plus grandes étant naturellement dans la région la moins élevée du cribleur) : le grain traité est ainsi partagé en plusieurs lots de nature ou de grosseur diverse. La plupart des cribleurs ont quatre *compartiments* et donnent, par suite, cinq catégories de graines (fig. 96).

En outre, avant qu'elle passe dans le cylindre, la marchandise tombant de

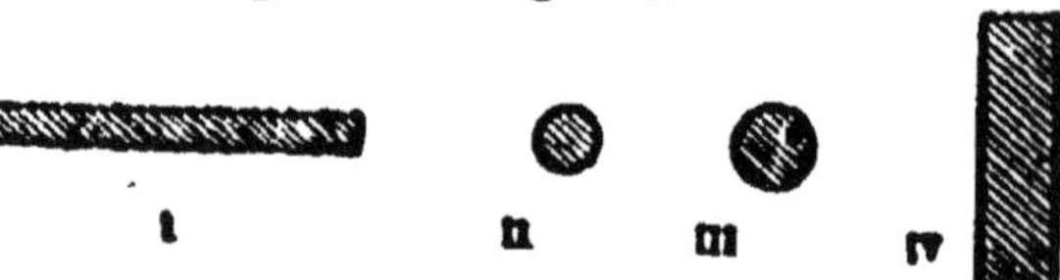

Fig. 96. — *Perforations des compartiments*
d'un CRIBLEUR ROTATIF
(représentées en vraie grandeur).

la trémie traverse le plus souvent des *toiles métalli-*

ques à secousses, qui achèvent de le nettoyer en séparant quelques impuretés qui auraient pu échapper à l'action du tarare. On pourrait d'ailleurs adjoindre un ventilateur à ces grilles et — au lieu d'opérer sur du grain propre — traiter du grain brut avec le « tarare-cribleur » ainsi obtenu.

TRIEURS

On désigne plus spécialement sous ce nom — qui, en réalité, s'applique aussi aux tamis et aux cribleurs — des appareils dont le principe est tout autre et qu'il convient d'appeler, d'une manière plus précise ,et pour éviter les confusions : *trieurs alvéolaires*.

Ces machines ont, nous l'avons dit, la même constitution d'ensemble et le même aspect général que les cribleurs rotatifs (fig. 98).

Une *trémie* d'alimentation, à vanne réglable, laisse tomber la marchandise sur un crible à secousses qui complète le nettoyage. Les graines passent ensuite dans un long *cylindre* métallique, presque horizontal, que l'on fait tourner très lentement à l'aide d'une *manivelle* qui commande aussi la trépidation du crible. Les diverses catégories séparées par l'action de ce cylindre sont recueillies dans des récipients placés l'un à son extrémité, les autres au-dessous de lui. Le *bâti*, dont nous n'avons pas parlé en décrivant les appareils précédents, est un simple châssis en bois, à quatre pieds, pourvu de poignées de transport.

La différence avec les cribleurs rotatifs réside naturellement dans la structure et le fonctionnement de la pièce travaillante principale, c'est-à-dire du cylindre.

Tout à l'heure la tôle formant ce dernier était percée de trous : elle se laissait traverser par certains produits et retenait les autres. Maintenant elle est pleine mais gaufrée de nombreuses petites cavités : — les graines dont la forme est trop allongée ou la taille trop considérable ne peuvent trouver place dans ces alvéoles, elles restent à la partie basse du cylindre et avancent lentement vers son extrémité inférieure, c'est le refus ; — celles, au contraire, qui peuvent s'y loger sont entraînées par le mouvement de rotation du cylindre et ne tombent de leur cavité qu'à partir d'une certaine hauteur, une planchette inclinée les reçoit et les envoie dans une gouttière qui les déverse également à l'extrémité du trieur, mais dans un récipient distinct.

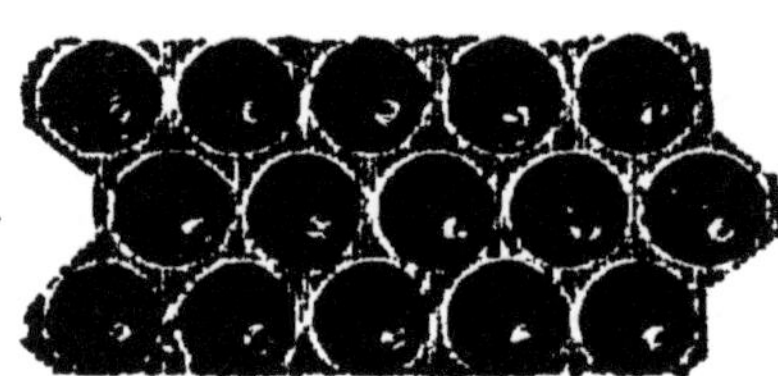

FIG. 97. — TÔLE ESTAMPÉE
de trieur alvéolaire.

Ce que nous venons d'exposer n'est, à vrai dire, que le principe du triage alvéolaire : les trieurs qui donnent seulement deux catégories de produits sont en effet rarement employés.

Dans la grosse majorité des cas le cylindre est formé de plusieurs parties dont les alvéoles sont, bien entendu, de forme et de grandeur différentes. Ces éléments successifs travaillent comme il a été expliqué ci-dessus, chacun d'eux traitant ce qui a été remonté par celui qui le précède, et alimentant à son tour (par sa gouttière) celui qui le suit; un trieur quadruple donne ainsi cinq catégories de graines : l'une est le dernier remontage, les autres sont les refus des diverses zones du cylindre. Le plus souvent même (fig. 98), le nombre des lots est encore augmenté en adjoignant à certains compartiments une tôle perforée qui crible leur refus et le divise en deux ou trois qualités, d'après la grosseur.

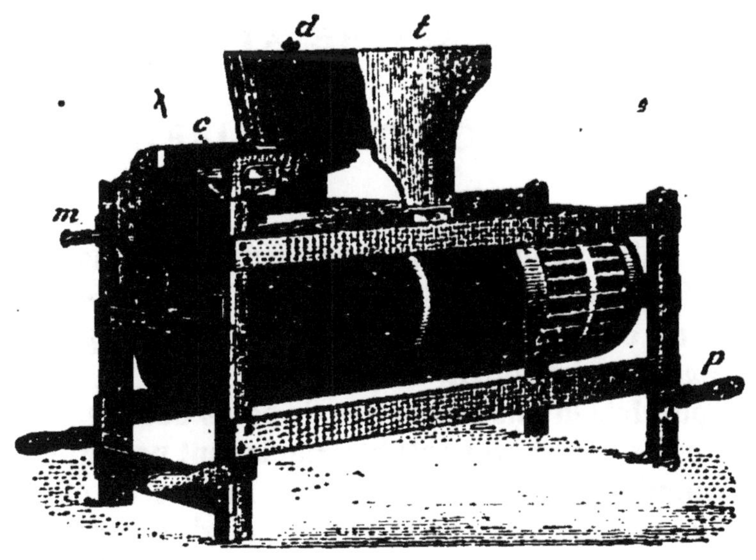

FIG. 98. — TRIEUR ALVÉOLAIRE.

t est la trémie d'alimentation, *d* la vanne de distribution, *m* la manivelle de commande qui donne les secousses au cribleur trépidant *c* et qui fait tourner le cylindre.

Celui-ci est formé de deux compartiments dont le dernier (à droite) est doublé d'un crible. L'appareil divise donc la marchandise en quatre lots (sans compter les déchets séparés par les toiles métalliques *c*).

p l'une des poignées servant pour déplacer l'appareil.

CHAPITRE XIV

BOTTELAGE DES FOURRAGES

La paille et le fourrage sont souvent emmagasinés sans bottelage préalable : on les met en meules, à l'extérieur, ou bien on les entasse sous un hangar ou à l'étage d'un bâtiment.

Toutefois la mise en bottes de poids déterminé présente des avantages notables qui la font pratiquer par de nombreux agriculteurs : elle facilite en effet les manutentions ultérieures et — quand le produit est consommé sur place — la répartition des rations aux animaux.

Lorsque la paille et le fourrage ne doivent pas être vendus au loin, il est assez rare qu'on les comprime; on les lie simplement par brassées de 5, 6, 8 ou 10 kilos suivant le cas (et, aussi, selon les habitudes locales) : c'est le *bottelage* proprement dit.

Lorsqu'au contraire ils sont destinés à être expédiés par chemin de fer, leur *compression* en balles très denses permet de mieux utiliser les wagons et de réduire, en conséquence, les frais de transport.

BOTTELAGE SIMPLE

Le bottelage 'sans compression se fait à bras d'homme ou mécaniquement.

Le premier mode est de beaucoup le plus fréquent, car il s'applique non seulement à la paille, mais aux foins. Les ouvriers opèrent à la main ou en s'aidant d'un outil ou instrument approprié.

Les liens utilisés dans le bottelage à la main sont des liens en ficelle achetés dans le commerce (rotin, alfa, etc.), des liens de paille de seigle préparés à l'avance à la ferme, ou plus fréquemment encore des liens faits au moment du travail avec le produit même que l'on bottelle.

L'opération est analogue à celle du liage des gerbes de céréales (1) et se fait comme celui-ci à main nue ou « à la cheville », mais chaque botte reçoit deux ou même trois liens.

Les botteleuses à bras emploient la ficelle de lieuse. Les unes consistent uniquement en une longue *aiguille* métallique recourbée (fig 71, page 143); les autres sont les *botteleuses à levier.*

Les botteleuses mécaniques fonctionnent comme les appareils lieurs de moissonneuses; elles n'en diffèrent que par leurs dimensions et le nombre de leurs pièces travaillantes : elles ont la largeur de la batteuse à laquelle on les annexe (à la sortie de la paille, natu-

---

(1) page 142.

rellement) et possèdent trois ou quatre tasseurs et la plupart du temps deux noueurs. Elles sont — soit installées à poste fixe et font en quelque sorte partie intégrante de la machine à battre, — soit indépendantes de celle-ci, et alors pourvues de deux roues de transport et d'une paire de brancards (fig. 99).

FIG. 99. — BOTTELEUSE.

Des dispositifs ont été imaginés pour le bottelage des fourrages de toute nature : malgré la régularité de poids qu'ils donnent aux bottes ils ne sont pas employés comme les appareils à paille que nous venons de citer.

COMPRESSION

L'action des presses à fourrages (et à paille) est dis continue ou continue.

Autrement dit : — les unes doivent être ramenées à leur position initiale après la confection de chaque balle, puis rechargées pour la suivante, — les autres, au contraire, sont alimentées et débitent sans arrêt.

PRESSES A TRAVAIL DISCONTINU

Les presses à fourrages dont le fonctionnement est intermittent sont presque toujours des **presses à bras.**

Elles sont essentiellement constituées par un *coffre* robuste, de forme quadrangulaire, placé verticalement, et dont l'une des parois horizontales est un *fond mobile* que l'on peut rapprocher du fond fixe en agissant sur deux longs *leviers* qui multiplient la force des ouvriers.

Dans la machine représentée ci-dessous c'est le fond supérieur qui est mobile.

Pour préparer une balle, on enlève ce fond et l'on ferme les quatre portes qui sont à la partie inférieure de la caisse; puis on remplit celle-ci en tassant le fourrage. Le fond mobile est ensuite remis en place et l'extrémité de chacune des chaînes est fixée à l'un des crochets de la traverse.

La compression commence alors. On enroule les deux chaînes sur leur treuil respectif en manœuvrant les leviers : le fond supérieur est

Fig. 100. — Presse a fourrage.

p, p, portes antérieures. — *l, l,* traverse du fond mobile aux extrémités de laquelle s'accrochent les chaînes *c ;* chacune de celles-ci est enroulée sur un petit treuil mu au moyen d'un levier *l.*

Pour le transport, on monte des roues sur les fusées *f* et l'on attelle grâce aux brancards *b.*

ainsi tiré vers le bas et comprime le fourrage. Bien entendu, chaque treuil est muni d'un dispositif qui permet de relever les leviers entre leurs courses descendantes et empêche les chaînes de se dérouler pendant ce temps sous l'influence de l'élasticité du fourrage — qui tend à reprendre son volume primitif.

Quand la hauteur de la balle est suffisamment réduite, on ouvre les portes; on passe des brins de fil de fer, d'une longueur convenable, dans les rainures ménagées à cet effet sur les faces en regard du fond inférieur et du fond mobile; on tord ensemble — tant en avant qu'en arrière — les bouts des liens qui se correspondent et l'on peut alors sortir de la presse la botte ligaturée. On opère de même pour les balles suivantes.

Dans d'autres appareils la pièce mobile est un faux-fond, qui monte par le jeu des leviers pour comprimer le fourrage contre la paroi supérieure du coffre. Celle-ci forme un couvercle que l'on ouvre pour le remplissage. La partie haute des faces avant et arrière se rabat vers le bas pour le dégagement de la balle finie.

Il existe également des presses à effet discontinu où la force nécessaire pour la compression des bottes est demandée à un cheval. L'animal est attelé à un câble enroulé sur un treuil; c'est la rotation de ce dernier qui, par une transmission convenable, commande le déplacement du fond mobile.

PRESSES A TRAVAIL CONTINU

La plupart des presses à débit continu sont, à l'inverse des précédentes, actionnées par manège ou par moteur; les modèles destinés à être mus à bras d'homme sont très peu répandus.

Quelle que soit, d'ailleurs, l'origine de la force motrice le principe de ces machines est toujours le même.

L'organe où se fait la compression est un long *coffre* horizontal de section rectangulaire (*c* fig. 101). L'une des extrémités de cette sorte de caisse n'a pas de paroi : c'est par là que sortent les balles une fois liées. L'autre extrémité, au contraire, est obturée par un *piston* animé d'un mouvement de va-et-vient ; mais elle porte à sa face supérieure une large ouverture garnie d'une *trémie* évasée par où se fait l'alimentation en fourrage.

Chaque fois que — le piston étant à sa position arrière — le fond de la trémie est libre, le foin qu'elle contient est enfoncé dans le coffre au-dessous d'elle; le piston, revenant ensuite en avant, pousse le produit vers l'extrémité ouverte de la caisse, par petites quantités successives.

Au début, le refoulement est facile et le tassement faible; mais, bientôt, le fourrage qui remplit le coffre sur toute sa longueur oppose une résistance considérable, et les nouveaux apports sont énergiquement comprimés.

Si l'on se contentait d'alimenter la trémie et de faire mouvoir le piston, la machine débiterait simplement une sorte de gros boudin quadrangulaire de foin pressé qui se détendrait aussitôt que sorti de l'appareil; pour obtenir des balles, il faut — pendant son séjour dans la caisse — diviser ce boudin en segments successifs et lier ceux-ci avec du fil de fer. A cet effet on emploie des *plateaux* que l'on introduit à intervalle régulier dans la chambre de compression et qui, entraînés par la marchandise, partagent celle-ci en blocs de longueur égale; les plateaux portant des rainures horizontales sur leurs deux faces, et les côtés du coffre étant à claire-voie, il est facile de passer les liens autour des balles et de faire les ligatures.

Les presses à manège ont quatre roues de transport, mais celles-ci sont enlevées pour le travail (1). Les pièces de la transmission sont tracées de telle sorte que l'effort à exercer sur la flèche soit à peu près constant et ne donne pas lieu à des coups de collier pénibles pour les animaux, malgré l'irrégularité de la résistance que doit vaincre le piston au cours d'un même va-et-vient.

Suivant leur « force » les presses à manège exigent un cheval ou deux chevaux. Dans le premier cas l'alimentation de la chambre de compression se fait à bras (à l'aide d'une fourche). Dans le second elle est parfois semi-automatique : l'ouvrier placé à la trémie n'a qu'à garnir celle-ci; aux moments voulus, un *bélier* enfonce le fourrage en avant du piston.

Les presses à moteur permettent d'obtenir une compression plus grande et un débit plus élevé; selon les types, d'ailleurs, c'est l'un ou l'autre résultat qui est principalement recherché.

Tantôt (groupes « moto-presse ») le moteur fait en quelque sorte partie de la machine, il est alors à explosions et marche à l'essence ou au pétrole. Tantôt (fig. 101) la presse porte seulement les engrenages de

____

(1) Parfois on se contente d'enlever seulement l'avant-train (côté manège) et d'enterrer les roues arrières de la quantité nécessaire.

Fig. 101. — Presse a fourrage.

p, poulie de commande actionnant le bélier alimenteur b et le piston compresseur.
t, trémie; ch, chambre de compression continuée par le coffre c.
vv, vis servant à faire varier la section de sortie s du coffre (réglage de la compression).

transmission et une poulie de commande que l'on attaque par courroie au moyen d'un moteur quelconque, fixe ou mobile, électrique ou thermique (à vapeur ou à explosions).

Dans les deux cas le bâti général est monté en chariot, sur quatre roues dont deux forment avant-train.

Toutes les presses à moteur sont pourvues d'un bélier alimenteur.

LIVRE VII

PRÉPARATION DES ALIMENTS

(CHAPITRE XV)

La préparation des produits à faire consommer au bétail a quelquefois pour objet, simplement, de faciliter la distribution des rations (1). Mais, le plus souvent, elle a en outre pour but d'augmenter le profit que les animaux tirent de leurs aliments en rendant plus aisée la mastication ou la digestion de ceux-ci.

Les traitements auxquels sont soumis les divers produits dépendent, naturellement, surtout de leur nature. Aussi diviserons-nous ce chapitre en :

préparation des *grains*,

préparation des *fourrages*,

et préparation des *tubercules* et des *racines*;

---

(1) A cet égard la mise du fourrage en petites bottes, dont nous avons dit quelques mots p. 201, peut être considérée comme un travail de préparation des aliments.

nous citerons ensuite quelques appareils utilisés pour le travail des aliments moins courants.

PRÉPARATION DES GRAINS

Les grains donnés aux animaux sont, suivant le cas, *aplatis* ou *concassés* ou, exceptionnellement, *moulus*.

APLATISSAGE

Beaucoup de chevaux mastiquent d'une manière incomplète l'avoine qu'on leur donne, si bien (ou si mal, plutôt) que leurs sucs digestifs ne peuvent pénétrer jusqu'à l'amande pour en préparer l'assimilation; aussi retrouve-t-on, absolument intacte, dans les crottins, une part notable du grain. L'emploi d'un *aplatisseur* évite ce déchet et permet en conséquence de diminuer la ration tout en lui conservant la même valeur alimentaire; il s'applique d'ailleurs à d'autres grains que l'avoine, à l'orge en particulier.

L'action de l'aplatisseur est, non pas de pulvériser ou même de fragmenter les graines, mais seulement de les écraser partiellement de façon à rompre leur enveloppe, à la déchirer.

Les organes essentiels d'une telle machine sont deux *rouleaux* lisses, généralement cylindriques, qui tournent en sens inverse l'un près de l'autre, et entre lesquels le grain passe et se lamine. L'un seul de ces rouleaux est commandé par la *manivelle* (aplatisseur à bras) ou par la *poulie* (aplatisseur à moteur); le second n'est entraîné que par les graines travaillées.

Celles-ci tombent d'une *trémie* d'alimentation munie d'une vanne ou mieux d'un véritable *distributeur* qui assure un débit très régulier; une fois écrasées elles tombent sous l'appareil, où on les reçoit dans un récipient quelconque. Ces diverses pièces sont établies sur un *bâti* robuste, en bois ou en métal, dont les quatre pieds sont fixés au sol pour assurer la stabilité de l'ensemble — les efforts demandés étant assez considérables.

L'aplatissage est modifié par l'écartement des deux rouleaux. A cet effet, les paliers de celui

Fig. 102.
Aplatisseur de grains.
Le distributeur de la trémie d'alimentation *l* est commandé par les manivelles *m*, qui entraînent le cylindre c^1. L'interposition du grain entre c^1 et c^2 fait tourner également celui-ci et le produit se trouve écrasé entre les deux rouleaux.
s, sortie des grains aplatis.

qui n'est pas commandé sont mobiles et peuvent être déplacés au moyen d'une *vis de réglage* (fig. 102, *v*); un ressort leur permet, d'autre part, de reculer quand une pierre ou un corps dur vient à passer.

Concassage et Mouture

Les opérations appelées concassage et mouture consistent toutes deux à broyer le grain. Elles ne se distinguent l'une de l'autre — sans démarcation nette d'ailleurs — que par la dimension des éléments obtenus : alors que le concassage se contente de fragmenter les graines d'une façon plus ou moins grossière, la mouture les pulvérise très finement.

Les moulins proprement dits ne sont pas employés pour la préparation des aliments du bétail.

Complétés par une bluterie qui sépare les issues, ils donnent une farine panifiable et sont, par suite, intéressants pour les exploitations coloniales qui doivent se suffire à elles-mêmes; mais les conditions qui règnent actuellement en France font qu'ils n'ont pas leur place dans nos fermes.

Seul le concassage est utile pour le traitement des grains destinés aux animaux. Quand il est nécessaire d'obtenir une certaine finesse de mouture, on règle la machine en conséquence, et on la modifie même en employant des pièces actives autres que celles qui sont ordinairement utilisées; si on a besoin de farines, il est plus économique de les acheter dans le commerce que de les préparer soi-même.

Les concasseurs ont le même aspect d'ensemble que les aplatisseurs : solide *bâti* à quatre pieds; *trémie* à vanne réglable; *manivelle* ou *poulie* de commande, suivant que la force motrice est humaine ou mécanique; *buse* d'écoulement du produit broyé. Les organes travaillants seuls diffèrent.

Dans les concasseurs à meules l'un de ces organes est fixe et l'autre mobile autour d'un axe horizontal; tous deux sont garnis, sur leurs faces en contacts, de nombreuses stries radiales.

Les graines venant de la trémie pénètrent dans l'intervalle des deux pièces au voisinage de l'arbre et sont brisées en fragments, d'abord volumineux, puis de plus en plus fins à mesure qu'ils cheminent vers la périphérie. En écartant ou en approchant la meule mobile de la meule fixe (au moyen d'une vis de réglage) on détermine la grosseur des éléments obtenus; comme chez les aplatisseurs, également, un ressort évite les détériorations par les matières étrangères très résistantes, les pierres par exemple.

Fig. 103.
MEULE *de concasseur.*

Tantôt les meules sont planes ou presque planes et ont, en plus petit, à peu près l'aspect des meules de pierre employées dans les anciens moulins à farine; tantôt, très fréquemment dans la construction actuelle, elles sont tronc-coniques ou même à profil courbe (fig. 103). Dans les deux cas elles sont métalliques, généralement en acier.

Fig. 104.
CONCASSEUR A CYLINDRES.

Dans les concasseurs à cylindres les pièces travaillantes, striées en hélice, tournent l'une contre l'autre autour de deux axes parallèles; celle qui est commandée par la manivelle ou la poulie entraîne la seconde en sens inverse du sien propre, avec une vitesse égale ou supérieure, par l'intermédiaire d'engrenages. La vis de réglage et le ressort signalés dans les machines précédentes se retrouvent encore ici.

PRÉPARATION DES FOURRAGES

Suivant leur nature, les fourrages sont :
ou simplement *hachés*, c'est-à-dire coupés en petits
fragments de ½ cm. à 3 centimètres de long,
ou d'abord hachés puis *broyés*.

HACHAGE

Le hachage des tiges herbacées s'effectue à l'aide de
machines mues à bras d'homme, au manège ou au moteur, et que l'on nomme hache-paille bien qu'ils servent
aussi pour d'autres produits : le foin et le maïs notamment.

L'organe de coupe de ces appareils est fait de *lames*
courbes, aiguisées, généralement au nombre de deux,
boulonnées sur les bras d'un *volant* vertical que l'on fait
tourner autour de son axe. Pendant leur rotation les lames passent au ras d'une ouverture rectangulaire qui ter-
mine la *table d'ali-*

FIG. 103. — HACHE-PAILLE.

mentation, et coupent tout ce qui en sort.

Le fourrage placé sur la table est d'abord poussé à la main vers cette ouverture, mais avant d'y arriver il est saisi entre deux *rouleaux cannelés* disposés horizontalement l'un au-dessus de l'autre, et qui sont mis en mouvement par des engrenages commandés par l'arbre du volant. Ces rouleaux font avancer le fourrage avec une vitesse proportionnelle à celle des lames, en sorte qu'il est coupé en fragments de longueur uniforme.

Pour modifier la longueur de coupe, il suffit de changer la transmission, ce qui fait tourner les rouleaux cannelés plus ou moins vite pour une même vitesse donnée au volant. La plupart des hache-paille débitent à volonté, suivant deux dimensions (6 et 12, 8 et 16, ou 10 et 20 millimètres).

Il est bon d'adapter aux hache-paille — surtout à ceux qui sont actionnés par un moteur et qu'on ne peut arrêter instantanément — des *dispositifs de sécurité.*

Ceux-ci sont assez nombreux. Les uns sont simplement formé de deux grillages protecteurs : le premier recouvre le volant; le second garnit la partie antéririeure de la table d'alimentation et empêche la main de l'ouvrier engreneur d'atteindre les rouleaux cannelés. D'autres consistent dans l'emploi d'un tablier sans fin formant une sorte d'engreneur automatique : l'ouvrier n'est pas ainsi obligé d'avancer le fourrage jusqu'auprès des rouleaux. Certains enfin débrayent les rouleaux alimenteurs, ou même les font tourner en sens inverse, quand la main de l'engreneur s'engage entre eux.

BROYAGE

Le broyage s'applique, après le hachage, aux fourrages ligneux dont on tire parti — soit normalement dans quelques parties de la France (ajoncs en Bretagne, sarments de vigne dans le Midi), — soit seulement en période de disette, les années de sécheresse par exemple (brindilles d'arbres, etc.).

Ces produits sont parfois coupés en morceaux à l'aide d'une hache ou même d'un hache-paille de fort numéro, puis « défibrés » au moyen d'un maillet pesant dont la tête porte des clous pyramidaux.

Mais, sur les exploitations un peu étendues où l'on utilise ces aliments, on se sert d'un **broyeur d'ajoncs** (1) à bras, à manège ou à moteur.

Les broyeurs d'ajoncs les plus répandus sont, en réalité, des hacheurs-broyeurs. Deux rouleaux cannelés annexés à une table d'alimentation amènent très lentement, le produit à traiter au contact de l'organe de coupe constitué par un *tambour* tournant, à axe horizontal, dont la périphérie est formée de *lames* hélicoïdales. Les fragments obtenus dans ce premier temps tombent entre deux *cylindres* horizontaux, à surface garnie d'aspérités, qui les broyent énergiquement.

D'autres appareils, moins employés, font uniquement le broyage proprement dit — soit par le même

---

(1) On peut faire, au sujet de ce terme, une remarque analogue à celle que nous avons faite sur le mot « hache-paille » appliqué aux hache-fourrages ; il est d'ailleurs remplacé dans les régions méridionales par l'expression *broyeur de sarments*.

procédé que les précédents (cylindres dentés tournant en sens inverse l'un contre l'autre), — soit au moyen de pièces différentes (meules planes hérissées d'aspérités, etc...). Leur action est naturellement précédée par celle d'un fort hache-paille.

PRÉPARATION DES RACINES ET DES TUBERCULES

Les racines et les tubercules, toujours plus ou moins souillés de terre, doivent en principe être *nettoyés*; ils sont ensuite, au moins quand ils sont volumineux, *divisés* en morceaux de forme et de dimensions variées, parfois même réduits en bouillie, soit à l'état cru, soit après *cuisson*.

NETTOYAGE

Quand les racines ou tubercules ont une surface assez unie, sans creux importants, et surtout quand les matières terreuses sont peu adhérentes, le nettoyage peut se faire sans intervention de l'eau. On utilise alors un décrotteur.

Cette machine, que l'on appelle aussi « nettoyeur à sec » est la simplicité même : il se compose d'un cylindre presque horizontal, dont la surface latérale est faite de barreaux de fer écartés de quelques centimètres, et qui tourne lentement autour de son axe. Les racines, tombant d'une large trémie, placée à l'extrémité relevée de cet organe à claire-voie, progressent doucement à l'intérieur de celui-ci, vers l'extrémité basse, tout en se débarrassant — par frottement mutuel et contre les tringles de la grille — des piérrailles, du sable et de la terre qui les couvrent.

Au bout de l'appareil elles sont reçues : — soit dans un récipient quelconque (*décrotteur simple* à bras), — soit dans la trémie d'une machine qui les divise immédiatement (*décrotteur-coupe-racines* à moteur).

Le nettoyage à sec donnerait des résultats nuls ou médiocres avec les produits de forme très irrégulière ou dont la surface présente des cavités assez profondes, et également lorsque la terre est encore humide ou de nature quelque peu collante. Il faut alors employer un laveur.

L'auge hémi-cylindrique qui contient l'eau nécessaire au lavage est le seul organe constant des machines de ce genre. Les autres, très variables, permettent d'agiter les racines ou tubercules pendant leur séjour dans l'eau, puis de le sortir commodément de l'auge; ce déversement se fait — soit d'une manière continue, au fur et à

FIG. 106. — LAVEUR

mesure de l'arrivée de nouvelle marchandise à l'autre extrémité de l'appareil (où se trouve une trémie d'alimentation) (fig. 106), — soit d'une manière discontinue, le laveur étant successivement chargé et vidé.

DIVISION

Lorsqu'on n'a à découper que de très faibles quantités de racines, on peut faire exécuter ce travail manuellement, à l'aide d'un couteau ou mieux d'outils spéciaux faciles à imaginer qui, portant plusieurs lames, accélèrent le travail de l'ouvrier.

Dès que le poids de marchandise à traiter est un peu important, l'usage d'un coupe-racines rotatif est avantageux.

Dans les coupe-racines les plus utilisés en France, les organes actifs sont des lames que l'on fait passer au ras de l'ouverture de sortie d'une large *trémie*, où sont versées les racines. Le *porte-lame* est, soit un disque plan (fig. 107), soit un cône ou un cylindre creux; dans les trois cas, son axe de rotation est horizontal, et les lames y sont boulonnées au bord de fentes que seul leur tranchant dépasse du côté de la trémie. Les *lames* sont parfois encore à tranchant rectiligne et donnent des « tranches »; mais on préfère en général, débiter en « cossettes », c'est-à-dire en petits copeaux que l'on mélange ensuite plus aisément à la paille hachée, aux issues, etc. : les lames sont alors

Fig. 107. — COUPE-RACINES (*type « à disque plan »*).

indentées et fixées sur le porte-lame de façon telle que les dents de chacune agissent sur les parties laissées intactes par l'autre, c'est le cas de la machine 107.

Dans d'autres modèles, les racines sont entamées par de nombreux petits orifices saillants, emboutis dans la surface même du plateau ou du tambour tournant. Le travail de ces machines est alors analogue à celui des instruments qu'emploient les cuisinières pour la confection des juliennes.

A côté des coupe-racines il convient de citer, comme servant aussi à la division des produits alimentaires d'origine souterraine :

les pulpeurs, qui transforment les racines en une sorte de bouillie demi-liquide;

les râpes, qui traitent

Fig. 108.
BROYEUR DE TUBERCULES CUITS
(type « à grille »).

de la même manière les tubercules crus;

les broyeurs de tubercules cuits, qui servent à triturer grossièrement les pommes de terre, après qu'on les a bouillies. Le type classique de ces appareils est celui que représente la figure 108; la trémie a été déchirée pour qu'on voie son fond, formé

Fig. 109. — *Broyeur de pommes* utilisable comme
BROYEUR DE TUBERCULES CRUS.

d'une grille métallique, et l'organe broyeur fait d'un

axe horizontal sur lequel sont implantées des broches métalliques.

Il n'existe pas, du moins à notre connaissance, de machines spécialement destinées au broyage des pommes de terre crues. Certains broyeurs employés en cidrerie peuvent servir à cet usage (fig. 109).

CUISSON

L'art culinaire appliqué à la préparation des repas du bétail se réduit presque uniquement, à la ferme tout au moins, aux opérations très simples que nous venons de décrire (nettloyage, et fragmentation plus ou moins poussée) et à la macération de certains produits.

Toutefois la cuisson est d'un emploi très général pour les pommes de terre et, moins fréquemment, pour les autres aliments amylacés, les graines en particulier.

Dans les petites exploitations, cette cuisine ne met en œuvre aucun matériel spécial, elle se fait dans les mêmes ustensiles que celle du fermier, de sa famille et de son personnel.

Même là où les quantités de produits à traiter sont plus considérables, on peut encore se dispenser d'acheter un véritable cuiseur en se servant d'une buanderie, appareil trop connu pour qu'il soit nécessaire d'en faire une longue description, constitué d'une *chaudière* mobile qui s'engage entièrement dans un *fourneau* en fonte, et destiné en principe à la lessive.

L'usage des cuiseurs proprement dits est cependant plus commode : le récipient où se fait la cuisson étant garni latéralement de deux tourillons, la vidange s'effectue facilement en le faisant basculer (après avoir enlevé le couvercle) autour de l'axe horizontal ainsi constitué.

Tantôt c'est le fond même de ce *récipient* qui forme chaudière et où l'on verse l'eau nécessaire;

Fig. 110.

il est alors établi directement sur le *foyer* (fig. 111). Les tubercules à cuire reposent sur un *faux-fond* légèrement conique, que prolonge un tube vertical perforé à son extrémité supérieure (dispositif que l'on trouve aussi dans les lessiveuses).

Tantôt la *chaudière* est distincte de la *cuve de cuisson* et lui envoie la vapeur par un tuyau. Les deux parties peuvent d'ailleurs être alors — ou bien

Fig. 111. — *Coupe verticale d'un* CUISEUR DE TUBERCULES.

réunies, celle-ci au-dessus de celle-là (qui fait, en quelque sorte, corps avec le fourneau), — ou bien séparées, placées l'une à côté de l'autre; la première disposition réalise naturellement le moindre encombrement.

***

Autres machines de préparation des aliments.

En dehors des machines énumérées dans les paragraphes précédents, nous mentionnerons :

d'abord les petits concasseurs de grain et les hache-herbe — ceux-ci à peu de chose près semblables à des hache-paille en réduction — qui sont affectés au service de la basse-cour;

et enfin celles qui permettent la division des aliments de complément ne rentrant dans aucune des catégories principales (grains, fourrages, tubercules et racines).

Ces aliments, qui apportent à la ration un appoint azoté ou minéral, sont : d'une part les tourteaux de graines oléagineuses, d'autre part les os et les coquilles calcaires.

Les brise-tourteaux sont des concasseurs à *cylindres* horizontaux formés d'étoiles de fonte; celles-ci sont montées sur leur axe de telle sorte que leurs branches dessinent des hélices qui se conjuguent d'un cylindre à l'autre, qui se croisent si l'on veut. Les tourteaux, dont l'aspect est celui de plaques trapéziques peu épaisses, sont introduits verticalement entre ces deux jeux de dents, grâce à une *trémie* de section rectangulaire allongée. Le produit du broyage est criblé sur une *grille* oblique placée entre les quatre pieds du *bâti* en fonte de la machine : les fragments de la grosseur d'un bille à jouer seront seuls mélangés aux rations sèches, les éléments plus fins devant être donnés en buvées. La commande se fait à l'aide d'une ou mieux de deux *manivelles*, ou bien au manège ou au moteur.

Les broyeurs d'os (et de produits très durs analogues) sont toujours, sauf dans des cas très exceptionnels, à faible débit. Ils travaillent comme des concasseurs à meules garnies d'aspérités très agressives.

TABLE DES MATIÈRES

—

LIVRE I. — PRÉPARATION DU SOL

CHAPITRE I. — LES LABOURS   3

DIVERSES SORTES DE LABOURS

CONSTITUTION GÉNÉRALE DES CHARRUES   12

TABLE ANALYTIQUE

CHARTRES. — IMP. GARNIER. — 17.2.21.

www.ingramcontent.com/pod-product-compliance
Ingram Content Group UK Ltd.
Pitfield, Milton Keynes, MK11 3LW, UK
UKHW021644170726
13836UKWH00005B/2377